全国青少年校外教育活动指导教

# 农田生物世界

## 蔬果篇

顾静雯◎编

WUHAN UNIVERSITY PRESS
武汉大学出版社

图书在版编目（CIP）数据

农田生物世界.蔬果篇/顾静雯编.—武汉：武汉大学出版社，
2015.6
全国青少年校外教育活动指导教程丛书
ISBN 978-7-307-15994-5

Ⅰ.农… Ⅱ.顾… Ⅲ.①生物—青少年读物 ②水果—青少
年读物 ③蔬菜—青少年读物 Ⅳ.①Q-49 ②S6-49

中国版本图书馆CIP数据核字（2015）第118780号

责任编辑：徐 纯 孙 丽 责任校对：路亚妮 装帧设计：孙英俊 潘婷婷

出版发行：**武汉大学出版社**（430072 武昌 珞珈山）
（电子邮件：whu_publish@163.com 网址：www.stmpress.cn）
印刷：武汉市金港彩印有限公司
开本：880×1230 1/32 印张：1.875 字数：25千字
版次：2015年6月第1版 2015年6月第1次印刷
ISBN 978-7-307-15994-5 定价：130.00元（全套六册，精装）

# 序

进入 21 世纪，校外教育作为实施素质教育的重要阵地，发挥着日益重要的作用。青少年户外营地作为校外教育重要的组成部分，其规范化、专业化建设，尤其是实践活动课程建设成为其"转型驱动，创新发展"的重要原动力。

本套书的主创团队——上海市普陀区中小学社会实践服务中心的辅导员们立足于青少年户外营地的教育职能，在组织学生开展日常的农村社会实践活动过程中，敏锐地意识到充分利用学生接触大自然的优势，以营地的农田和植物园区作为学习的课堂，能带给学生全新的学习享受。

通过零距离接触书中提及的各种动植物，一草一木、一虫一鸟不仅能带给学生无穷的乐趣，而且能激发他求知的动力，用多维的感觉加深对知识的理解，用感性的体验激发学习的兴趣，进而生动地理解环境对人类生存的重要性。

在我国漫长的农耕文化发展过程中，随着中华民族聪明的先民们生产力水平的不断提升，人们对自然环境的了解也在不断加深，对身边生物资源的了解更加深入，依赖也越显紧密。他们在逐步建立和完善以环境安全、生态保护为主要特征的农业生产方法的进程中，逐渐形成了"天人合一"的哲学思想。在全球环境问题日益突出的今天，本套教材内容贴合实践活动，通过在实践中的认识和尝试，对我们深刻理解十八大提出的"生态文明""美丽中国"有着重要的意义。

因此，本套书的开发，真正意义上是源自于学生在实践活动中的实际需求，贴近学生的发展、营地的特质及生态的教育。2013年，上海市普陀区中小学社会实践服务中心"农田生物世界"项目在上海市教委"上海市学生农村社会实践基地重点建设项目"评审中中标。作为项目成果，本套书以小学、初中、高中各年段的学生为主要读者对象，围绕"生物多样性"主题，涵盖植物、动物两类，既可以用于户外营地，也可以用于学校，乃至社区和家庭。

本套书是户外营地的实践与学科知识的贯通、拓展与整合的成果。据悉，该中心还将开发相关的实践活动案例，以更好地指导营地辅导员和学生用好这套教材。

期待更多的校外教育工作者能基于自身工作特点，勇于开拓创新，为上海市校外教育的改革和发展，为学生的健康成长作出不懈努力。同时，也希望读者在阅读的过程中能提出宝贵的意见，进而不断完善丛书的内容。

上海市科技艺术教育中心

卢晓明

2015年2月

# 目  录

| 学名 | *Brassica oleracea var. capitata* |
|------|-----------------------------------|
| 别称 | 甘蓝、结球甘蓝、洋白菜、圆白菜、包菜、包心菜、莲花菜、疙瘩白、茴子白、大头菜 |
| 分类 | 叶菜类；十字花科，芸薹属 |

# 1. 卷心菜

卷心菜为二年生草本植物。叶片深绿至绿色，叶面光滑、有粉状蜡质，叶肉肥厚。花为总状花序，异花授粉。果实为长角果，种子呈圆球形，红褐或黑褐色。

卷心菜的生长期分为营养生长和生殖生长两个阶段，一般在秋季播种形成营养体，在冬季长期低温的作用下完成发育，开始花芽分化，然后在春季抽薹开花结籽。

卷心菜的水分含量高 (约 90%)，而热量低，富含维生素 C、维生素 B6、叶酸和钾，具有一定的药用功效。

01

| 学名 | *Brassica rapa var. chinensis* |
|------|-------------------------------|
| 别称 | 小白菜、油白菜、小青菜、菜薹 |
| 分类 | 叶菜类；十字花科，芸薹属 |

# 2. 青菜

青菜为一年生草本植物，茎、叶用蔬菜，颜色深绿。叶互生，花为总状无限花序，呈黄色，有 4 片花瓣，为典型的十字形。果实为短角果，种子呈球形，紫褐色。

青菜性喜冷凉，抗寒力较强，种子发芽的最低温度为 3 ～ 5℃，在 20 ～ 25℃条件下 3 天就可以出苗。露地生产一般在 3 月下旬播种，全部采用直播方式。

青菜中富含维生素 C；种子含油量达 35% ～ 50%，其菜籽油含有丰富的脂肪酸和多种维生素，营养价值高，不但是良好的食用植物油，而且在工业上也有着广泛的用途。

| 学名 | *Apium graveolens* |
|---|---|
| 别称 | 旱芹 |
| 分类 | 叶菜类；伞形花科，旱芹属 |

# 3.芹菜

　　芹菜为一、二年生草本植物，高 5～15 厘米，茎具匍匐性，走茎发达，茎细长，匍匐于地面，节节生根。叶为多年生肉质，近圆形或肾形，有 V 形缺口，花为伞形花序，果为双悬果。

　　芹菜一般春季栽培，1—2 月在温室内育苗，5 月下旬至 7 月采收；秋季栽培，6 月中旬至 7 月上旬播种育苗，10—12 月收获。

　　芹菜富含蛋白质、碳水化合物、胡萝卜素、B 族维生素、钙、磷、铁、钠等，具有显著的药用价值。

| 学名 | *Lactuca sativa* 'Romana' |
|------|---------------------------|
| 别称 | 叶用莴苣、鹅仔菜、莴仔菜 |
| 分类 | 叶菜类；菊科，莴苣属 |

# 4. 生菜

生菜为一年生或二年生草本植物，根系浅，须根发达，茎短缩，叶互生，有披针形、椭圆形、卵圆形等，叶色绿、黄绿或紫，叶面平展或皱缩，叶缘波状或浅裂，外叶开展，心叶松散或抱合成叶球，种子灰白或黑褐色。

上海地区一般于1月底至2月上旬进行春季栽培。若春季露地育苗，则3月上旬播种，4月上旬定植，定植至采收为30～50天；秋季栽培常于8月进行。

生菜含有丰富的营养成分，其纤维和维生素C比白菜多，是最合适生吃的蔬菜。

| 学名 | *Spinacia oleracea* |
|------|---------------------|
| 别称 | 波斯草、菠薐、菠棱、鹦鹉菜、红根菜、飞龙菜 |
| 分类 | 叶菜类；藜科，菠菜属 |

# 5. 菠菜

菠菜为一年生或二年生草本植物，以叶片及嫩茎供食用，原产于伊朗。根呈圆锥状，带红色，较少为白色。茎直立，中空。叶呈戟形至卵形，鲜绿色，柔嫩多汁，稍有光泽，全缘或有少数牙齿状裂片。

菠菜植株生长的适宜温度是 15 ~ 20℃，每年 3 月（春菠菜）、5—7 月（夏菠菜）、8—9 月（秋菠菜）以及 10—11 月上旬（越冬菜）·适宜播种，播后 30 ~ 50 天可分批采收。

菠菜营养价值属中等，各种营养含量均衡，富含钾等微量元素，具有较好的食疗作用。

05

| 学名 | *Ipomoea aquatica* |
| --- | --- |
| 别称 | 瓮菜、蕹菜、竹叶菜、通菜、藤菜 |
| 分类 | 叶菜类；旋花科，番薯属 |

# 6. 空心菜

空心菜为一年生或多年生草本植物，茎蔓生，圆形而中空，绿色或淡紫色，有节；叶互生，椭圆状卵形或长三角形；花通常为白色，也有紫红色或粉红色，花期7—9月；种子有细毛。

空心菜喜高温多湿环境，适宜湿润的土壤，喜充足光照，播种期一般在4月中下旬。

空心菜含丰富的维生素与微量元素，它所具有的钙、钾、维生素C、胡萝卜素、核黄素的含量均比一般蔬菜高一至数倍，有一定的食疗作用。

| 学名 | *Allium tuberosum* |
|------|--------------------|
| 别称 | 山韭、长生韭、丰本、扁菜、懒人菜、草钟乳、起阳草、韭芽 |
| 分类 | 叶菜类；百合科，葱属 |

# 7. 韭菜

　　韭菜为多年生宿根草本植物，具特殊强烈气味。根为须根系；茎分为营养茎和花茎；叶片呈扁平带状，表面有蜡粉；花为伞形花序，花冠为白色，花果期为7—10月；果实为蒴果，成熟种子呈黑色、盾形。

　　韭菜具有极强的耐寒性，生长适宜温度为12～24℃，一次种植，可多年采收。栽培季节以春、秋为宜，南方地区春、秋、冬三季均可栽种。

　　韭菜的种子和叶可入药，具健胃、提神、止汗固涩、补肾助阳、固精等功效。

| 学名 | *Brassica rapa var. chinensis 'Rosularis'* |
|------|---------------------------------------------|
| 别称 | 塌菜、塌棵菜、塌地松、黑菜、乌青菜 |
| 分类 | 叶菜类；十字花科，芸薹属 |

# 8. 乌塌菜

　　乌塌菜为二年生草本植物，是冬季的主要蔬菜之一。基生叶密生成莲座状，圆卵形或倒卵形，厚而皱缩，深绿色；上部叶近圆形或圆卵形，全缘，抱茎。花呈淡黄色，长角果呈圆柱形，种子呈圆球形，深褐色。花期3—4月，果期5月。

　　乌塌菜主要于秋冬季节栽培，长江流域一般9月播种育苗，12月至翌年2月收获。

　　乌塌菜含有大量的膳食纤维，以及钙、铁、维生素C、维生素B1、维生素B2、胡萝卜素等，也被称为"维生素"菜，对防治便秘有很好的作用。

| 学名 | *Vicia faba* |
|------|-------------|
| 别称 | 胡豆、佛豆、川豆、罗汉豆 |
| 分类 | 豆类；豆科，野豌豆属 |

# 9. 蚕豆

蚕豆为一年生或二年生草本植物，是粮食、蔬菜和饲料、绿肥兼用作物。茎为方形，中心空，花为蝶形，白色有紫斑，荚果肥厚，种皮革质，青绿色，种子扁平，略呈矩圆形或近于球形，可供食用。花期4—5月，果期5—6月。

蚕豆具有较强的耐寒性，种子在5～6℃时即能开始发芽，但最适发芽温度为16℃。可于10—12月或隔年的1—3月播种。

蚕豆中含有调节大脑和神经组织的重要成分钙、锌、锰、磷脂等，并含有丰富的胆石碱，有增强记忆力的作用。

09

| 学名 | *Glycine max* |
|------|---------------|
| 别称 | 大豆、黄豆 |
| 分类 | 豆类；豆科，大豆属 |

# 10. 毛豆

毛豆为一年生草本植物，茎粗壮；荚果下垂，呈矩形或扁平形，荚上密生黄色细长硬毛；种子2～4粒，新鲜时呈扁椭圆状或卵圆形，长0.8～1.5厘米、淡绿色；干时呈黄色、黄绿色或紫黑。毛豆老熟后就是我们所熟悉的黄豆。

毛豆喜温怕涝，适宜于夏季高温的温带地区，适宜温度为20～25℃，一般3月底至4月中旬播种，6月下旬至7月上旬采摘上市。

毛豆中的卵磷脂是大脑发育不可缺少的营养之一，其中含有丰富的食物纤维。

| 学名 | *Pisum sativum var. saccharatum* |
|------|-----------------------------------|
| 别称 | 荷仁豆、剪豆 |
| 分类 | 豆类；豆科，豌豆属 |

# 11. 荷兰豆

荷兰豆为一年生缠绕草本植物，全株绿色，茎为矮性或蔓性，中空易折断；偶数羽状复叶，叶面略有蜡粉或白粉；花单生或对生于叶腋处，蝶形，白色、紫色或紫红色；荚果呈浓绿色或黄绿色，扁平长形；种子有圆粒、光滑或皱粒两种粒型。

荷兰豆属半耐寒性植物，喜冷凉而湿润的气候，不耐热，生长期适宜温度为 12～20℃，一般在 10—11 月中旬播种。

荷兰豆中含有较为丰富的膳食纤维，可以防止便秘，有清肠作用。

| 学名 | *Lablab purpureus* |
|------|------|
| 别称 | 火镰扁豆、膨皮豆、藤豆、沿篱豆、鹊豆、皮扁豆 |
| 分类 | 豆类；豆科，扁豆属 |

# 12. 扁豆

扁豆为一年生草本植物，茎蔓生，小叶披针形，花为白色或紫色，花期4—12月，荚果为长椭圆形，扁平，微弯。种子为白色或紫黑色。嫩荚是普通蔬菜，种子可入药。

扁豆喜温暖润湿的气候，耐热，一般春播秋收，露地栽培在4月上、中旬直播，采收期在7月上旬。

扁豆富含维生素B、维生素C和植物蛋白质，可防治急性肠胃炎、缓解呕吐腹泻症状，有解渴健脾、补肾止泄、益气生津之功效。

12

| 学名 | *Canavalia gladiata* |
|------|------|
| 别称 | 挟剑豆、野刀板藤、葛豆、刀豆角 |
| 分类 | 豆类；豆科，刀豆属 |

# 13. 刀豆

刀豆为一年生缠绕状草质藤本植物，茎长可达数米，无毛或稍被毛；三出复叶，小叶呈宽卵形，宽5～16厘米；花冠呈蝶形，白色或粉红；荚果呈带状，略弯曲。花期7—9月，果期10月。种子为肾形，长约3.5厘米，种脐为种子全长的3/4。

刀豆喜温暖，不耐寒霜，用种子繁殖，一般于4月上旬清明节前后播种。

刀豆含有尿毒酶、血细胞凝集素、刀豆氨酸等。其所含成分具有维持人体正常代谢的功能，可促进人体内多种酶的活性，从而增强抗体免疫力，提高人的抗病能力。

| 学名 | *Phaseolus vulgaris* |
|------|----------------------|
| 别称 | 菜豆、白肾豆、架豆、玉豆、去豆、四季豆 |
| 分类 | 豆类；豆科，菜豆属 |

# 14. 芸豆

芸豆为一年生缠绕或近直立草本植物。初生真叶为单叶、对生；以后的真叶为三出复叶。总状花序腋生，蝶形花，花冠有白、黄、淡紫或紫等颜色。荚果形状直或稍弯曲，横断面呈圆形或扁圆形，表皮密被绒毛；每荚含种子4～8粒，种子为肾形，有红、白、黄、黑等颜色。

芸豆性喜温暖，不耐霜冻，属短日性蔬菜，四季都能栽培，故有"四季豆"之称。

芸豆营养丰富，蛋白质含量高，既是蔬菜又是粮食，还可做糕点和豆馅，是人们主要食物蛋白来源之一。

14

| 学名 | *Daucus carota var. sativa* |
|------|------|
| 别称 | 红萝卜、黄萝卜、番萝卜、丁香萝卜 |
| 分类 | 根茎类；伞形科，胡萝卜属 |

# 15. 胡萝卜

15

　　胡萝卜为二年生草本植物，以呈肉质的根作蔬菜食用；直根系，直根上部有少部分胚轴肥大，形成肉质根，深入土面以下，分黄色、红色两种；叶丛生于短缩茎上，三回羽状复叶；复伞形花序，花为白色或淡黄色。有地下"小人参"之称。

　　春胡萝卜于4月中旬播种，播种后90～100天采收；秋胡萝卜宜于7月中旬至8月上旬播种，在严冬来临前采收贮藏。

　　胡萝卜中富含的维生素B2和叶酸有抗癌作用，所以被称为"预防癌症的蔬菜"。

| 学名 | *Brassica oleracea var. italica* |
|------|------|
| 别称 | 绿花菜、绿菜花、青花菜、绿花椰、美国花菜 |
| 分类 | 根茎类；十字花科，芸属 |

# 16. 西兰花

西兰花为一、二年生草本植物，植株高大，顶端群生花蕾，紧密群集成花球状，形状为半球形，花蕾为青绿色。叶色蓝绿互生，逐渐转为深蓝绿。叶柄狭长。叶形有阔叶和长叶两种。

春季早熟品种可在 3—4 月育苗，5 月定植；夏季品种可在 6—7 月育苗，苗龄 25 天定植（必须有遮阳防雨措施）；秋季品种多用生育期长的中晚熟品种，可在 7 月育苗，8 月初定植；冬季假植的品种，播种期较秋季的播种期晚半个月左右。

西兰花具有防癌抗癌和增强机体免疫力的功能，维生素 C 含量极高。

16

| 学名 | *Colocasia esculenta* |
|------|------------------------|
| 别称 | 青芋、芋芳 |
| 分类 | 根茎类；天南星科，芋属 |

# 17. 芋头

17

芋头为多年生块茎植物，常作一年生作物栽培。叶片为盾形，叶柄长而肥大，绿色或紫红色；植株基部形成短缩茎，逐渐累积养分肥大成肉质块茎，球形、卵形、椭圆形或块状等；具有水生植物的特性，水田或旱地均可栽培。

芋头性喜高温湿润的气候，发育最适宜温度为 27 ～ 30℃。亚热带以及温带的早熟品种可在 8 月开始采收，晚熟品种在 10 月采收。

芋头为碱性食品,能中和体内积存的酸性物质,调整人体的酸碱平衡。

| 学名 | *Lactuca sativa* |
|------|------------------|
| 别称 | 莴苣、茎用莴苣、莴菜、莴苣菜 |
| 分类 | 根茎类；菊科，莴苣属 |

# 18. 莴笋

　　莴笋为一、二年生草本植物，原产于中国华中或华北地区。地上茎可供食用，茎皮为白绿色，茎肉质脆嫩，幼嫩茎翠绿，成熟后变为白绿色。主要食用肉质嫩茎，嫩叶也可以食用。茎、叶中含莴苣素，味苦，有镇痛的作用。

　　莴笋性喜冷凉气候，传统栽培的主要上市时间为春、秋两季，即3—5月、10—11月。

　　莴笋含有丰富的营养成分，尤其是叶片。莴笋叶对心脏病、肾脏病、神经衰弱、高血压等都有一定治疗作用。

| 学名 | *Ipomoea batatas* |
|------|-------------------|
| 别称 | 番薯、甘薯、地瓜、红苕、甜薯 |
| 分类 | 根茎类；旋花科，番薯属 |

# 19. 红薯

　　红薯为一年生草本植物，其蔓细长，茎匍匐地面；地下部分具圆形、椭圆形或纺锤形的块根，外皮为土黄色或紫红色，肉大多为黄白色，但也有紫色；叶互生，宽卵形，聚伞花序腋生，花冠为钟状或漏斗状，白色、粉红色、浅紫色或紫色；块根可作为淀粉原料，可食用、酿酒或作饲料。

　　红薯需在移栽种植前 2 个月育苗，即春薯在 1 月下旬开始育苗，秋薯在 6 月中下旬育苗，早冬薯在 8 月上中旬育苗。

　　红薯营养价值很高，被营养学家称为营养最均衡的保健食品。

| 学名 | *Solanum tuberosum* |
|------|---------------------|
| 别称 | 土豆、洋芋、馍馍蛋、地蛋、地豆子等 |
| 分类 | 根茎类；茄科，茄属 |

# 20. 马铃薯

马铃薯为一年生草本植物，块茎可供食用，是全球第三大重要的粮食作物，仅次于小麦和玉米。地下块茎为椭圆形、扁圆形或长圆形，具芽眼，着生于匍匐茎上，成密集状。薯皮呈白色、黄色、粉红色等，薯肉呈白色、淡黄色、黄色等。

马铃薯性喜冷凉、低温气候。用块茎繁殖，垄播，3月或9月播种，3个月左右成熟。

中医认为马铃薯性平、味甘、无毒，能健脾和胃，益气调中，缓急止痛，通利大便。还具有很好的呵护肌肤、保养容颜的功效。

| 学名 | *Dioscorea polystachya* |
|------|------|
| 别称 | 薯蓣、怀山药 、淮山药、土薯、山薯 |
| 分类 | 根茎类；薯蓣科，薯蓣属 |

# 21. 山药

　　山药为多年生草本植物。茎蔓生，常带紫色；块茎呈长圆柱形，垂直生长，长可达 1 米多，断面干时呈白色；叶子对生，卵形或椭圆形，花为乳白色，雌雄异株；块根含淀粉和蛋白质，可以食用。

　　山药于 4 月上旬，当气温上升至 15℃左右时，取出沙藏的芦头，选择粗壮完好的栽种，从出苗到收获一般为 4 个月。

　　山药含有淀粉酶、多酚氧化酶等物质，有利于脾胃消化吸收，是平补脾胃的药食两用之品。

| 学名 | *Nelumbo nucifera* |
|------|---------------------|
| 别称 | 莲藕 |
| 分类 | 根茎类；莲科，莲属 |

# 22. 藕

藕为水生类蔬菜。根茎粗壮，肥大有节，中间有一些管状小孔，折断后有丝相连；肉质细嫩，鲜脆甘甜，洁白无瑕，可生食也可做菜，而且药用价值相当高；其根叶、花须、果实都可滋补入药。

藕适于在炎热多雨季节生长。长江以南多在3—4月上旬栽种，北方多在5月上旬栽种。

藕性寒、味甘。生用具有凉血、散瘀之功，亦可治热病烦渴、吐血、热淋等；熟用能益血、止泻，还能健脾、开胃。

| 学名 | *Cucurbita moschata* |
|---|---|
| 别称 | 麦瓜、番瓜、倭瓜、金冬瓜 |
| 分类 | 瓜类；葫芦科，南瓜属 |

# 23. 南瓜

23

　　南瓜为一年生蔓生草本植物。茎的横断面呈五角形，叶子呈心脏形，花为黄色；果实有圆、扁圆、长圆、纺锤形或葫芦形，先端多凹陷，表面光滑或有瘤状突起和纵沟，成熟后有白霜；果实肉厚，黄白色，老熟后有特殊香气，味甜，种子可以吃。

　　南瓜露地栽培以春植为主，1—2月播种育苗；秋植可在8—9月直播，但病毒病发生严重，风险较大。

　　南瓜能消除致癌物质亚硝胺的突变作用，故有防癌之功效。

| 学名 | *Cucurbita pepo* |
|------|------------------|
| 别称 | 茭瓜、白瓜、番瓜、美洲南瓜、云南小瓜、菜瓜、荨瓜 |
| 分类 | 瓜类；葫芦科，南瓜属 |

# 24. 西葫芦

24

  西葫芦为一年生蔓生草本植物，果实作蔬菜。茎粗壮，圆柱状，具白色的短刚毛；叶片为三角形或卵状三角形，边缘有不规则的锐齿，基部为心形；花冠为黄色；瓠果，有圆筒形、椭圆形和长圆柱形等多种形状，嫩瓜皮色多为淡绿色。

  西葫芦播种育苗若用大棚冷床育苗法，播种期一般在 12 月至次年 2 月，播种越早，上市越早，前期产量越高。

  西葫芦富含蛋白质、矿物质和维生素等，有清热利尿、除烦止渴、润肺止咳、消肿散结等功效。

| 学名 | *Benincasa hispida* |
|------|---------------------|
| 别称 | 东瓜、枕瓜、白瓜、水芝 |
| 分类 | 瓜类；葫芦科，冬瓜属 |

# 25. 冬瓜

　　冬瓜为一年生草本植物。茎上有卷须，能爬蔓；叶片呈肾状近圆形，花冠为黄色；果实为球形或长圆柱形，形状如枕，皮色青绿，带白霜。果肉厚，白色。皮和种子都可入药。

　　冬瓜以春植较多，一般在 1—2 月播种；秋植冬瓜一般在小暑前后（7月上、中旬）播种。

　　冬瓜含维生素 C 较多，且钾盐含量高，钠盐含量较低，高血压、肾脏病、浮肿等患者食之，可达到消肿而不伤正气的效果。

| 学名 | *Luffa cylindrica* |
|---|---|
| 别称 | 天罗、绵瓜、布瓜、砌瓜、坭瓜 |
| 分类 | 瓜类；葫芦科，丝瓜属 |

# 26. 丝瓜

26

丝瓜为一年生攀援草本植物。茎蔓性、五棱、绿色，主蔓和侧蔓生长繁茂，茎节具分枝卷须，易生不定根；叶片为三角形或近圆形，花冠为黄色，辐状；果实为圆柱状，直或稍弯，表面平滑，通常有深色纵条纹。成熟时里面的网状纤维称为丝瓜络，可代替海绵作洗刷灶具及家具之用。

丝瓜冬春栽培，于11月至次年1—2月播种，12月至次年4月采收上市；夏秋栽培，于6—9月播种，7—11月采收上市。

丝瓜中维生素C含量较高，可用于抗坏血病及预防各种维生素C缺乏症。

| 学名 | *Cucumis sativus* |
|------|-------------------|
| 别称 | 胡瓜、青瓜 |
| 分类 | 瓜类；葫芦科，香瓜属 |

# 27. 黄瓜

　　黄瓜为一年生蔓生或攀援草本。茎、枝伸长，有棱沟，被白色的糙硬毛；卷须细，不分歧，具白色柔毛；花冠为黄白色；果实为长圆形或圆柱形，熟时黄绿色，表面粗糙，有具刺尖的瘤状突起，极稀近于平滑。

　　黄瓜喜温暖，不耐寒冷，生长发育适宜温度为 10 ～ 32℃，早春1—3 月播种，夏秋 6—8 月播种。

　　黄瓜中含有的葫芦素 C，具有提高人体免疫功能的作用，可达到抗肿瘤的目的；此外，还具有除热、利水利尿、清热解毒的功效。

27

| 学名 | *Lycopersicon esculentum* |
|------|---------------------------|
| 别称 | 番柿、六月柿、西红柿、洋柿子、毛秀才、爱情果、情人果 |
| 分类 | 瓜类；茄科，茄属 |

# 28. 番茄

番茄为草本植物，茎易倒伏；叶为羽状复叶或羽状深裂；果实为浆果，扁球状或近球状，肉质多汁，橘黄色或鲜红色，光滑。种子呈黄色，花果期为夏、秋季。

番茄春季露地栽培，北京地区通常在2月中旬至3月初播种育苗。秋季露地栽培，长江以南如上海、南京等地以7月下旬至8月初播种效果最好；而四川东部以7月上旬播种的产量较高。

番茄所含的维生素C、芦丁、番茄红素及果酸，可降低血胆固醇，预防动脉粥样硬化及冠心病。

| 学名 | *Abelmoschus esculentus* |
|------|--------------------------|
| 别称 | 羊角豆、咖啡黄葵、毛茄、黄秋葵 |
| 分类 | 豆类；秋葵科，秋葵属 |

# 29. 秋葵

秋葵为一年生草本植物，根系发达，吸收力强，茎直立分枝，被刚毛；叶异型，通常掌状 5 深裂，裂片披针形，先端渐尖；边缘有钝锯齿，叶柄细长，中空；果实为蒴果，似羊角，绿色或红色；可食用部分是果荚，脆嫩多汁，滑润不腻，香味独特。

秋葵常用播种繁殖，直播一般于 4 月上旬至 5 月上中旬进行，采收期可从 6 月下旬持续到 10 月上旬。

秋葵含有锌和硒等微量元素，能增强人体防癌、抗癌能力。此外，秋葵含有特殊的药效成分，能强肾补虚，是一种适宜的营养保健蔬菜。

| 学名 | *Zea mays* |
|------|------------|
| 别称 | 包谷、苞米、棒子、玉蜀黍 |
| 分类 | 豆类；禾本科，玉米属 |

# 30. 玉米

玉米为一年生禾本科草本植物，植株高大。叶窄而长，边缘呈波状，于茎的两侧互生，叶片为线形或线状披针形，表面为暗绿色，背面为淡绿色。雌雄同体，雄花序穗状顶生，雌花穗腋生，成熟后成谷穗，谷穗外被多层变态叶包裹，称作包皮，籽粒可食。

春天，玉米适宜播期一般为4月中下旬至5月初，一般是南早北迟；夏天，一般为6月上中旬播种。

玉米中含有的核黄素、维生素等营养物质对预防心脏病、癌症等疾病有很大的作用。

| 学名 | *Malus pumila* |
|------|------|
| 别称 | 平安果、智慧果 |
| 分类 | 水果类；蔷薇科，苹果属 |

# 31. 苹果

　　苹果为落叶乔木，树干呈灰褐色，叶为椭圆形，有锯齿；果实为球形，味甜，通常为红色，也有黄色和绿色。苹果是双子叶植物，花呈淡红或淡紫红色，大多自花不育，需异花授粉，果实由子房和花托发育而成。花期4—6月；果期7—11月。

　　苹果树是喜低温干燥的温带果树，生长期（4—10月）平均气温在12～18℃，夏季（6—8月）平均气温在18～24℃，最适宜苹果的生长。

　　苹果中的维生素C是心血管的保护神、心脏病患者的健康元素。

| 学名 | *Mangifera indica* |
|------|--------------------|
| 别称 | 杧果、檬果、漭果、闷果、蜜望、望果、面果、庵波罗果 |
| 分类 | 水果类；漆树科，芒果属 |

# 32. 芒果

芒果为常绿大乔木，树皮为灰褐色，小枝为褐色，无毛。叶薄革质，常集生枝顶，叶形和大小变化较大，通常为长圆形或长圆状披针形；圆锥花序，花小，杂性，黄色或淡黄色；核果大，肾形，压扁，成熟时黄色，中果皮肉质肥厚，鲜黄色，味甜，果核坚硬。

芒果性喜温暖，不耐寒霜，世界芒果生产区年均温度在 20℃以上，芒果自子房膨大至成熟需 110 ～ 150 天，果实自 5 月中下旬至 8、9 月成熟。

芒果为热带著名水果，汁多味美，还可制罐头和果酱或盐渍供调味，亦可酿酒。果皮可入药，叶和树皮可作黄色染料。其营养丰富，具清肠胃、防治高血压、美化肌肤、抗癌的功效。

32

| 学名 | *Amygdalus persica* |
|------|---------------------|
| 别称 | 肺果 |
| 分类 | 水果类；蔷薇科，桃属 |

# 33. 桃

33

桃为落叶小乔木，树冠宽广而平展；树皮呈暗红色，老时粗糙呈鳞片状；花单生，先于叶开放，花瓣呈长圆状椭圆形至宽倒卵形，粉红色，罕为白色，花药为绯红色；果实形状和大小均有变异，卵形、宽椭圆形或扁圆形，色泽变化由淡绿白色至橙黄色，常在向阳面具红晕；果肉为白色、浅绿白色、黄色、橙黄色或红色，多汁有香味，甜或酸甜；核大。

桃树喜光、耐旱、耐寒力强。冬季撒播，6—8月芽接或翌年早春切接，花期3—4月，果实成熟期因品种而异，通常为8—9月。

桃有补益气血、养阴生津的作用；桃中含铁量较高，是缺铁性贫血病人的理想辅助食物。

| 学名 | *Citrus reticulata* |
|------|------|
| 别称 | 桔子 |
| 分类 | 水果类；芸香科，柑橘属 |

# 34. 橘子

橘子为常绿小乔木，小枝较细弱，常有短刺。叶为椭圆状卵形或披针形，先端钝常凹缺，基部为楔形，钝锯齿不明显，叶柄的翅很窄近无翅；花为白色，芳香，单生或簇生于叶腋；果为扁球形，橙红色和橙黄色，果皮与果瓣易剥离，果心中空。

橘子喜光，稍耐侧荫，光照不足时只长枝叶，不开花，喜通风良好、温暖的气候，不耐寒；花期为 5 月，果熟 10—12 月。

橘子富含维生素 C，其果肉、皮、核、络均可入药，味甘酸、性温，具有开胃理气、止咳润肺的功效。

| 学名 | *Actinidia chinensis* |
|---|---|
| 别称 | 中华猕猴桃、水果之王、果中之王、维 C 之王、羊桃、茅梨、奇异果、几维果 |
| 分类 | 水果类；猕猴桃科，猕猴桃属 |

# 35. 猕猴桃

35

猕猴桃为大型落叶木质藤本植物；枝为褐色，有柔毛，髓为白色，层片状；叶呈纸质，无托叶，花枝上的叶先端多平截或凹缺；花为聚伞花序，每个花序 1～3 朵花，花开时呈乳白色，后变淡黄色，有香气；浆果呈卵形或长圆形，密被黄棕色有分枝的长柔毛。

猕猴桃喜阴凉湿润气候，怕旱、涝、风，耐寒，不耐早春晚霜。栽植时间从秋末到开春，秋季 10 月下旬和春季 2 月下旬枝梢伤流期前。花期 5—6 月，果熟期 8—10 月。

猕猴桃含有丰富的维生素 C，可强化免疫系统，促进伤口愈合。

| 学名 | *Musa nana* |
|------|------------|
| 别称 | 金蕉、弓蕉 |
| 分类 | 水果类；芭蕉科，芭蕉属 |

# 36. 香蕉

香蕉为多年生草本植物，叶片为长圆形，先端钝圆，基部近圆形，两侧对称，叶面为深绿色，无白粉，叶背为浅绿色，被白粉；穗状花序下垂，花为乳白色或略带浅紫色；果身弯曲，略为浅弓形，果柄短，果皮为青绿色，在低温下催熟，果皮则由青变为黄色，并且生麻黑点，果肉松软，黄白色，味甜，无种子，香味特浓。

香蕉喜湿热气候，第一次收获需 10～15 个月，之后几乎连续采收。

香蕉属高热量水果，含多种微量元素和维生素，其中核黄素能促进人体正常生长和发育。

| 学名 | *Vitis vinifera* |
|------|------------------|
| 别称 | 提子、蒲桃、草龙珠、山葫芦、李桃 |
| 分类 | 水果类；葡萄科，葡萄属 |

# 37. 葡萄

葡萄为木质藤本植物，褐色，近圆形，枝蔓细长，单叶互生，叶缘有锯齿，叶腋着生复合的芽；卷须或花序与叶对生。花为两性花，有 5 片花瓣，顶部连生，开花时自基部与花托分离，呈帽状脱落。浆果多为圆形或椭圆形，有青绿色、紫黑色、紫红色等，具果粉。

葡萄种植要求海拔高度一般在 400 ~ 600 米，喜光、暖温，对土壤的适应性较强，花期 4—5 月，果期 8—9 月。

葡萄中含有的类黄酮是一种强力抗氧化剂，可抗衰老，并可清除体内自由基；制成葡萄干后，糖和铁的含量会相对升高，是妇女、儿童和体弱贫血者的滋补佳品。

37

| 学名 | *Litchi chinensis* |
|------|------|
| 别称 | 丹荔、丽枝、离枝、火山荔、勒荔、荔支 |
| 分类 | 水果类；无患子科，荔枝属 |

# 38. 荔枝

荔枝为常绿乔木，属亚热带果树。树皮为灰黑色；小枝为圆柱状，褐红色，密生白色皮孔，偶数羽状复叶；圆锥花序，花小，无花瓣，绿白或淡黄色，有芳香。果圆球形，果皮多数有鳞斑状突起，鲜红或紫红。果肉新鲜时呈半透明凝脂状，味香美，但不耐储藏。

荔枝喜高温高湿气候，喜光向阳；花期为春季，果期为夏季。

荔枝肉含丰富的维生素 C 和蛋白质，有助于增强机体免疫功能，提高抗病能力；同时有补脑健身、开胃益脾、促进食欲之功效。

| 学名 | *Armeniaca vulgaris* |
|------|----------------------|
| 别称 | 杏子 |
| 分类 | 水果类；蔷薇科，杏属 |

# 39. 杏

　　杏为乔木，亚热带、温带植物。树冠为圆形、扁圆形或长圆形；树皮为灰褐色，纵裂，二年生枝通常为红褐色；叶片为宽卵形或圆卵形，深绿色，花萼为紫绿色；短枝每节上生一个或两个果实，果实为球形，极少数为倒卵形，稍扁，形状似桃，白色、黄色至黄红色，常具红晕，核仁味苦或甜。鲜果可生食，也可制成果酱、罐头、杏干等。

　　杏树耐寒、耐高温、不耐水涝，花期3—4月，果期6—7月。

　　杏果实营养丰富，含有多种有机成分和人体所必需的维生素及无机盐类，是一种营养价值较高的水果。

| 学名 | *Ananas comosus* |
|---|---|
| 别称 | 凤梨、黄梨 |
| 分类 | 水果类；凤梨科，凤梨属 |

# 40. 菠萝

菠萝为多年生常绿草本植物，茎短。叶多数为莲座式排列，剑形，顶端渐尖；花序于叶丛中抽出，状如松球，花瓣为长椭圆形，上部紫红色，下部白色。每株只在中心结一个果实，果实呈圆筒形，由许多子房和花轴聚合而长成，是一种聚合果。果皮有众多的花器，坚硬棘手，食用前必须削皮后挖去。

菠萝植株适应性强，耐瘠、耐旱，病虫害较少。

菠萝味甘性温，具有解暑止渴、消食止泻之功效，为夏令药食兼优的时令佳果。

40

| 学名 | *Citrullus lanatus* |
|------|---------------------|
| 别称 | 夏瓜、寒瓜、青门绿玉房 |
| 分类 | 水果类；葫芦科，西瓜属 |

# 41. 西瓜

　　西瓜是一种双子叶开花植物。枝叶形状像藤蔓，叶子呈羽状分裂，互生，花冠为黄色；果实为瓠果，有圆球、卵形、椭圆球、圆筒形等；表皮有绿白、绿、深绿、墨绿、黑色，间有细网纹或条带；果肉有乳白、淡黄、深黄、淡红、大红等色。

　　西瓜喜强光、耐旱不耐涝，适宜于砂质土壤处栽种。早春西瓜，一般于3月中、下旬播种育苗，6月下旬开始收获上市；秋西瓜于7月上、中旬播种，9月下旬开始采收上市。

　　西瓜堪称"盛夏之王"，清爽解渴，甘味多汁，是盛夏佳果；对治疗肾炎及膀胱炎等疾病有辅助疗效。

| 学名 | *Cucumis melo* |
|------|------|
| 别称 | 甜瓜、甘瓜、网纹瓜、香瓜 |
| 分类 | 水果类；葫芦科，香瓜属 |

# 42. 哈密瓜

哈密瓜为一年生匍匐或攀援草本植物。茎、枝有棱，有黄褐色或白色的糙硬毛和疣状突起；卷须纤细；叶片厚纸质，近圆形或肾形；花单性，花冠为黄色；果实的形状、颜色因品种而异，通常为球形或长椭圆形，果皮平滑，有纵沟纹或斑纹，无刺状突起，果肉为白色、黄色或绿色，有香甜味；种子为污白色或黄白色。

哈密瓜春季大棚栽培的最佳播种时期为 1 月下旬至 2 月上旬，花果期在夏季。

哈密瓜具有超强的抗氧化能力，可广泛应用在医药、美容、保健、营养食品等领域。

42

| 学名 | *Hylocereus undatus* |
|------|----------------------|
| 别称 | 红龙果、青龙果、仙蜜果、玉龙果 |
| 分类 | 水果类；仙人掌科，量天尺属 |

# 43. 火龙果

43

火龙果为多年生攀援性多肉植物。根茎为深绿色，粗壮，具3棱，棱扁，边缘呈波浪状；花为白色，果实呈椭圆形，外观为红色或黄色，有绿色圆角、三角形的叶状体，果肉呈白色、红色或黄色，具有黑色种子。

火龙果栽培后12～14个月开始开花结果，每年可开花12～15次，产果期4—11月。

火龙果营养丰富、功能独特，它含有丰富的维生素和水溶性膳食纤维，以及一般植物少有的植物性白蛋白和花青素。

| 学名 | *Punica granatum* |
|---|---|
| 别称 | 安石榴、山力叶、丹若、若榴木、金罂、金庞、涂林、天浆 |
| 分类 | 水果类；石榴科，石榴属 |

# 44. 石榴

石榴为落叶乔木或灌木；单叶，通常对生或簇生，无托叶；聚伞花序，花多红色，也有白色和黄、粉红、玛瑙等色；浆果为球形，果皮厚，种子多数；外种皮为肉质，呈鲜红、淡红或白色，多汁，甜而带酸，即为可食用的部分；内种皮为角质，也有退化变软的，即软籽石榴。

果石榴的花期在5—6月，榴花似火，果期在9—10月；花石榴的花期在5—10月。

石榴具有清热、解毒、平肝、补血、活血和止泻的功效，非常适合黄疸性肝炎、哮喘和久泻的患者以及经期过长的女性食用。

| 学名 | *Pyrus spp* |
|------|-------------|
| 别称 | 一 |
| 分类 | 水果类；蔷薇科，梨属 |

# 45. 梨

　　梨为多年生落叶乔木，叶片多呈卵形，大小因种类、品种不同而各异；花为白色，或略带黄色或粉红色，有 5 片花瓣；果实为圆形或扁圆形，一般颜色为外皮呈现出金黄色或暖黄色，里面则为通亮白色，鲜嫩多汁，石细胞少，香味浓。

　　梨耐寒、耐旱、耐涝、耐盐碱，8—9 月间果实成熟时采收。

　　梨营养丰富，含有多种维生素和纤维素，在医疗上，梨有润肺、祛痰化咳、通便秘、利消化的功效，对心血管也有好处。但梨性寒，易伤脾胃，不可多吃。除了作为水果食用以外，梨还可以作观赏之用。

45

| 学名 | *Ficus carica* |
|---|---|
| 别称 | 阿驲、阿驿、映日果、优昙钵、蜜果、文仙果、奶浆果、品仙果 |
| 分类 | 水果类；桑科，榕属 |

# 46. 无花果

无花果为落叶灌木，多分枝；树皮为灰褐色，皮孔明显；小枝直立，粗壮；叶互生，厚纸质，广卵圆形；雌花花被与雄花同，子房呈卵圆形，光滑，花柱侧生；榕果单生于叶腋，大而梨形，顶部下陷，成熟时为紫红色或黄色，卵形。

无花果喜温暖湿润的海洋性气候，喜光、喜肥，不耐寒，不抗涝，但较耐干旱，花果期在5—7月。

无花果干味道浓厚、甘甜。无花果汁、饮料具有独特的清香味，生津止渴，老幼皆宜。此外，无花果树态优雅，具有较好的观赏价值，是良好的园林及庭院绿化观赏树种。

| 学名 | *Myrica rubra* |
|------|------|
| 别称 | 圣生梅、白蒂梅、树梅 |
| 分类 | 水果类；杨梅科，杨梅属 |

# 47. 杨梅

　　杨梅为小乔木或灌木，高可达 15 米以上，树皮为灰色，老时纵向浅裂；树冠呈圆球形。叶革质，长椭圆状或楔状披针形；核果球状，外表面具乳头状凸起，外果皮肉质，多汁液及树脂，味酸甜，成熟时呈深红色或紫红色；核（内果皮）常为阔椭圆形或圆卵形，略成压扁状，极硬，木质。

　　杨梅为喜湿、耐阴寒的亚热带水果树种，4 月开花，6—7 月果实成熟。

　　杨梅果味酸甜适中，既可生食，又可加工成杨梅干、酱、蜜饯等，还可酿酒。此外，果实可入药，有止渴、生津、助消化等功效。

47

| 学名 | *Eriobotrya japonica* |
|------|------------------------|
| 别称 | 芦橘、金丸、芦枝 |
| 分类 | 水果类；蔷薇科，枇杷属 |

# 48. 枇杷

枇杷为常绿小乔木，高可达 10 米；小枝粗壮，黄褐色，密生锈色或灰棕色绒毛；叶片革质，披针形、倒披针形、倒卵形或椭圆长圆形；圆锥花序顶生，花瓣呈白色；果实为球形或长圆形，黄色或橘黄色，外有锈色柔毛，不久脱落；种子为球形或扁球形，褐色，光亮，种皮为纸质。

枇杷喜光，稍耐阴，喜温暖气候和肥水湿润、排水良好的土壤，不耐严寒，花期 10—12 月，果期 5—6 月。

枇杷果实有润肺、止咳、止渴的功效；枇杷叶亦是中药的一种，以大块枇杷叶晒干入药，有清肺胃热，降气化痰的功用，常与其他药材制成"川贝枇杷膏"。

| 学名 | *Cerasus pseudocerasus* |
|------|------|
| 别称 | 车厘子、莺桃、荆桃、楔桃、英桃、牛桃、樱珠、含桃、玛瑙、樱珠 |
| 分类 | 水果类；蔷薇科，梨属 |

# 49. 樱桃

　　樱桃为乔木，高2～6米，树皮呈灰白色；小枝呈灰褐色，嫩枝呈绿色，无毛或被疏柔毛；冬芽为卵形，无毛；叶片为卵形或长圆状卵形；花序为伞房状或近伞形，总苞为倒卵状椭圆形，褐色；核果为近球形，红色。

　　樱桃是喜光、喜温、喜湿、喜肥的果树，花期3—4月，果期5—6月。

　　樱桃全身皆可入药，性热，味甘，具有益气、健脾、和胃、祛风湿的功效。

| 学名 | *Garcinia mangostana* |
|------|------------------------|
| 别称 | 莽吉柿、山竺、山竹子 |
| 分类 | 水果类；藤黄科，藤黄属 |

# 50. 山竹

　　山竹为常绿乔木，树高达 10 米；叶为长椭圆形，厚革质；萼片及花瓣 4 枚，肉质黄色杂有红色和淡粉色。果实为球形，深紫红色；果壳厚而韧；果肉为白色，瓣状，外观颇似蒜瓣，可食用，味道浓郁，清凉甜美，口感柔和，有质感。

　　山竹从栽培到结果需要七八年的时间，果实成熟期为 5—10 月，以 8—10 月产量较高。

　　山竹富含羟基柠檬酸、山酮素等成分，对抑制脂肪合成、抑制食欲和降低体重有良好功效，还能抗氧化、消除氧自由基的活性，对心血管系统有很好的保护作用。

# 后 记

2006 年，我中心在普陀区教育局及基教科、教育学院的指导下，自主开发了"农耕文化系列教材"。2012 年 11 月，我们推荐的三本校本教材《农耕文化常识读本（画册）》《耕耘未来——社会实践活动 50 案例》（2009 年少年儿童出版社出版）、《漫游农耕园》（2012 年少年儿童出版社出版），被全国青少年校外教育工作联席会议办公室评为"首届全国未成年人校外教育理论与实践研究优秀成果"一等奖，被教育部基础教育课程改革综合实践活动项目组评为"全国基础教育课程改革综合实践活动第十一届年会"课程资源一等奖。2014 年 10 月，我们又和中国农业博物馆合作，对《农耕文化常识读本》进行改版，由武汉大学出版社出版。

我们立足于校外教育的职能、户外营地的特质、学农基地的特点与学校学科知识相贯通，开发了本套书，作为我中心落实《上海市学生农村社会实践教育指导大纲（试行）》的新尝试。在我中心安亭基地的建设中，建设"以现代农业为主、传统农业为辅，以提升学生创新素养为目的"的田园学堂，我们秉承设计四大系列八大类别的课程体系。

本套书定名为《农田生物世界》，共 6 册，包括《蔬果篇》《园林篇》《草药篇》《昆虫篇》《鸟类篇》和《水生篇》，每册均列举了长江流域较为常见、学生在学科学习中有所接触的 50 种生物种类。

在该套书开发的过程中，我们不断地用严谨的科研态度来完善内容：

第一，着眼于"国际生物多样性日"活动，汲取了上海市科技艺术教育中心组织的植物认知、鸟类认知、昆虫认知等户外实践活动比赛的经验，结合本中心安亭基地的自然环境和教育特点，形成校本化的实践活动课程。

第二，编者一方面是出于对学生知识结构的考量，另一方面也是想尽可

能地做到校内外教育的通融，帮助学生将课堂中学到的符号化知识能够通过实践活动变为更为鲜活的生活体验。

第三，校外教育是教育的重要组成部分，要主动与学校教育对接，以科学、技术、工程、数学教育（即 STEM）综合运用学科知识的理念用于课程开发。虽然内容篇幅短小，但尽可能地融入了人文类知识，有助于调用学生已有的学科知识。

第四，我中心还组织编者、部分学校的骨干教师（黄宏等）和程序设计师共同开发了与本套书配套的网上田园学堂之"生物万花筒"软件，通过上海市青少年学生校外活动联席会议办公室"博雅网"对外共享。我们还将组织编者继续开发面向户外营地辅导员和学生的配套丛书的实践活动案例，提升本套书的使用效益。

本套书的编者除了我中心的部分辅导员之外，还有基层学校部分骨干教师和专业人士的热情参与，如新黄浦实验学校的金恺老师，曹杨中学的钱叶斐老师；草药篇则由上海雷允上药业西区公司顾问、副主任中药师师文道先生亲自执笔；后期实践活动的案例还邀请了部分基层学校教师（朱沪疆等）及校外教育机构教师（罗勇军等）参与撰稿。

本套书在编写中得到了华东师范大学周忠良、唐思贤、李宏庆和上海师范大学李利珍等教授的专业指导，他们还提供了部分有版权的珍贵照片。

在本套书即将付梓之际，谨向所有参与编撰工作的干部、教师，尤其是各位顾问与专家致以最诚挚的谢意！

由于时间仓促，且编者学识、水平有限，书中尚有不少疏漏和值得商榷之处，恳请读者批评指正。

上海市普陀区中小学社会实践服务中心

孙英俊　向　宓

2015 年 2 月

# 参 考 文 献

[1]　中国农业百科全书总编辑地蔬菜卷编辑委员会，中国农业百科全书编辑部．中国农业百科全书：蔬菜卷．北京：中国农业出版社，1990.

# 图片来源说明

　　本套教材图片经由本课题组与北京全景视觉网络科技有限公司上海分公司 (www.quanjing.com)、123RF 有限公司 (www.123rf.com.cn) 两家专业图片公司签约，所用图片主要由这两家公司授权使用。

　　此外，有部分图片由编者自行拍摄。但仍有个别图片从网上下载（目前无法联系到摄影者），请作者见此说明后致电出版社进行联系，我们将按照市场价格支付图片版权的使用费用。

　　以上文字解释权在本课题组。

《农田生物世界》课题组

2015 年 6 月

全国青少年校外教育活动指导教程丛书

# 农田生物世界

## 水生篇

金　恺◎编

WUHAN UNIVERSITY PRESS
武汉大学出版社

图书在版编目（CIP）数据

农田生物世界．水生篇 / 金恺编．—武汉：武汉大学出版社，
2015.6

全国青少年校外教育活动指导教程丛书

ISBN 978-7-307-15994-5

Ⅰ．农… Ⅱ．金… Ⅲ．① 生物—青少年读物 ② 水生生物—
青少年读物 Ⅳ．① Q-49 ② Q17-49

中国版本图书馆 CIP 数据核字（2015）第 118777 号

责任编辑：王 蕾 孙 丽 责任校对：路亚妮 装帧设计：孙英俊 潘婷婷

出版发行：**武汉大学出版社**（430072 武昌 珞珈山）
（电子邮件：whu_publish@163.com 网址：www.stmpress.cn）

印刷：武汉市金港彩印有限公司

开本：880×1230 1/32 印张：1.875 字数：25 千字

版次：2015 年 6 月第 1 版 2015 年 6 月第 1 次印刷

ISBN 978-7-307-15994-5 定价：130.00 元（全套六册，精装）

# 序

进入 21 世纪，校外教育作为实施素质教育的重要阵地，发挥着日益重要的作用。青少年户外营地作为校外教育重要的组成部分，其规范化、专业化建设，尤其是实践活动课程建设成为其"转型驱动，创新发展"的重要原动力。

本套书的主创团队——上海市普陀区中小学社会实践服务中心的辅导员们立足于青少年户外营地的教育职能，在组织学生开展日常的农村社会实践活动过程中，敏锐地意识到充分利用学生接触大自然的优势，以营地的农田和植物园区作为学习的课堂，能带给学生全新的学习享受。

通过零距离接触书中提及的各种动植物，一草一木、一虫一鸟不仅能带给学生无穷的乐趣，而且能激发他们求知的动力，用多维的感觉加深对知识的理解，用感性的体验激发学习的兴趣，进而生动地理解环境对人类生存的重要性。

在我国漫长的农耕文化发展过程中，随着中华民族聪明的先民们生产力水平的不断提升，人们对自然环境的了解也在不断加深，对身边生物资源的了解更加深入，依赖也越显紧密。他们在逐步建立和完善以环境安全、生态保护为主要特征的农业生产方法的进程中，逐渐形成了"天人合一"的哲学思想。在全球环境问题日益突出的今天，本套教材内容贴合实践活动，通过在实践中的认识和尝试，对我们深刻理解十八大提出的"生态文明""美丽中国"有着重要的意义。

因此，本套书的开发，真正意义上是源自于学生在实践活动中的实际需求，贴近学生的发展、营地的特质及生态的教育。2013年，上海市普陀区中小学社会实践服务中心"农田生物世界"项目在上海市教委"上海市学生农村社会实践基地重点建设项目"评审中中标。作为项目成果，本套书以小学、初中、高中各年龄段的学生为主要读者对象，围绕"生物多样性"主题，涵盖植物、动物两类，既可以用于户外营地，也可以用于学校，乃至社区和家庭。

本套书是户外营地实践与学科知识的贯通、拓展与整合的成果。据悉，该中心还将开发相关的实践活动案例，以更好地指导营地辅导员和学生用好这套教材。

期待更多的校外教育工作者能基于自身工作特点，勇于开拓创新，为上海市校外教育的改革和发展，为学生的健康成长作出不懈努力。同时，也希望读者在阅读的过程中能提出宝贵的意见，进而不断完善丛书的内容。

上海市科技艺术教育中心

卢晓明

2015年2月

# 目　录

| 学名 | *Salvinia natans* |
|------|-------------------|
| 别称 | 蜈蚣苹、山椒藻 |
| 分类 | 水生植物；槐叶苹目，槐叶苹科 |

# 1. 槐叶苹

01

槐叶苹为蕨类植物，因叶子形似槐树的羽状叶而得名。生活在热带及亚热带地区，漂浮在水上。从中国东北到长江以南地区都有分布。

茎细长，无根，密被褐色节状短毛。叶三片轮生，二片漂浮水面，一片细裂如丝，在水中形成假根，叶片长圆形，中脉明显，全缘，上面绿色，下面灰褐色。孢子果4～8枚聚生于水下叶的基部。

槐叶苹除了园林部门用于池塘绿化外，还是一种药用植物。

| 学名 | *Echinochloa crus-galli* |
|------|--------------------------|
| 别称 | 稗、稗子 |
| 分类 | 水生植物；禾本目，禾本科 |

# 2. 稗草

稗草生于沼泽、沟渠旁、低洼荒地及稻田中，为稻田常见恶性杂草。

稗草为一年生草本。秆直立，无叶舌，叶片无毛。圆锥花序主轴具角棱，粗糙；内稃与外稃等长。花果期为7—10月。稗草在较干旱的土地上，茎亦可分散贴地生长。

稗草适应性强，生长茂盛，饲草及种子产量均高，营养价值也较高，是马、牛、羊最喜吃的优良饲料；用稗草养草鱼，生长速度快，肉味鲜美。种子亦可酿酒，根及幼苗可药用，有止血功能。茎叶纤维可作造纸原料。

| 学名 | *Eleocharis dulcis* |
|------|---------------------|
| 别称 | 马蹄、地梨等 |
| 分类 | 水生植物；禾本目，莎草科 |

# 3. 荸荠

　　荸荠原产于印度，在中国主要分布于广西、江苏、安徽、浙江、广东、湖南、湖北、江西等低洼地区。

　　荸荠为多年生草本植物，种水田中。地下茎为扁圆形，表面呈深褐色或枣红色。肉白色，可食。叶片退化成膜片状，着生于叶状茎基部及球茎上部，靠绿色叶状茎进行光合作用。自母株短缩茎向四周抽生匍匐茎，尖端膨大为新的球茎。穗状花序，小花呈螺旋状贴生。小坚果，果皮革质，不易发芽。

　　荸荠可食用，而且煮熟的荸荠更甜。英国学者在研究荸荠时发现了一种"荸荠英"，这种物质对多种细菌有一定的抑制作用，对降低血压也有一定效果，还对癌肿有防治作用。

| 学名 | *Brasenia schreberi* |
|------|------|
| 别称 | 水葵、莼 |
| 分类 | 水生植物；睡莲目，莼菜科 |

# 4. 莼菜

　　莼菜原产于中国东南部，尤其以江苏的太湖、苏北的高宝湖，以及杭州的西湖等地生产为多。国家二级重点保护野生植物。印度、大洋洲、非洲、北美也有分布。

　　莼菜是一种多年生宿根性水生植物。莼菜的叶子呈椭圆形、深绿色，嫩茎和叶背部都有胶状透明物质。根状茎细瘦，横卧于水底泥中。叶漂浮于水面，盾状叶着生于叶柄，全缘，两面无毛；叶柄和花梗有黏液。花单生在花梗顶端，紫红色；坚果革质，宿存花柱，种子卵形。

　　莼菜含近20种氨基酸和多种维生素及微量元素，沉没在水中尚未展开的新叶可食用，此外还有药用价值。

| 学名 | *Sagittaria trifolia subsp. leucopetala* |
|------|------|
| 别称 | 华夏慈姑、野慈姑、剪刀草、燕尾草、蔬卵 |
| 分类 | 水生植物；泽泻目，泽泻科 |

# 5. 慈姑

　　慈姑原产于我国，南北各地均有分布，以南方栽培较多。

　　慈姑为多年生沼生或水生草本。根状茎匍匐，末端多膨大呈球茎。叶沉水、浮水、挺水。沉水叶呈条形或叶柄状；浮水叶呈长圆状披针形或卵状椭圆形；挺水叶呈箭形。花葶直立，挺出水面。花序总状或圆锥状，花单性；白色，基部具紫色斑点。瘦果呈斜倒卵形或广倒卵形。花果期为7—9月。

　　慈姑营养价值很高，是人们喜爱的菜肴之一。由于慈姑叶形奇特，适应能力较强，可作水边、岸边的绿化材料，也可作观赏盆栽。此外，慈姑也有药用价值，对毒蛇咬伤、抗癌等有一定功效。

| 学名 | *Pistia stratiotes* |
|------|---------------------|
| 别称 | 水莲、肥猪草、水芙蓉 |
| 分类 | 水生植物；泽泻目，天南星科 |

# 6. 大藻

大藻原产于热带和亚热带地区的小溪或淡水湖中，在南亚、东南亚、南美及非洲都有分布。在我国珠江三角洲一带野生较多，为外来入侵植物。

大藻为多年生浮水草本植物。主茎短缩而叶呈莲座状，有白色成束的须根。叶簇生，呈倒卵状楔形，顶端钝圆而呈微波状，两面都有白色细毛。佛焰花序生叶腋间，白色。果为浆果，内含种子，椭圆形，黄褐色。花期为6—7月。

在园林水景中，大藻常用来点缀水面。庭院小池，植上几丛大藻，再放养数条鲤鱼，别具风趣。大藻根系发达，可直接从污水中吸收有害物质和过剩营养物质，净化水体。大藻还有药用价值。

| 学名 | *Eichhornia crassipes* |
|------|------------------------|
| 别称 | 水葫芦、凤眼蓝、水浮莲 |
| 分类 | 水生植物；鸭趾草目，雨久花科 |

# 7. 凤眼莲

　　凤眼莲原产于南美洲亚马孙河流域。喜向阳、平静的水面，或潮湿肥沃的边坡生长。1901 年我国以猪饲料引进，现已遍布华北、华东、华中和华南的 19 个省（自治区、直辖市），成为著名的外来入侵植物。

　　凤眼莲因每叶有泡囊承担叶花的重量而悬浮于水面生长，其根系发达。叶单生，叶片为荷叶状；穗状花序，花为浅蓝色，中央有鲜黄色斑点。花两性。

　　凤眼莲生命力极强。生活废水中的有机污染物，工业废水中的重金属、稀土元素，农田的农药污染物，几乎都能被凤眼莲吸纳，所以它是污水的净化者。此外它还是獭兔的饲料，造纸原料。

　　凤眼莲大爆发时可造成河道堵塞，水生动物因得不到氧气而大批死亡。

07

| 学名 | *Lemna minor* |
|---|---|
| 别称 | 水萍、青萍、田萍等 |
| 分类 | 水生植物；泽泻目，浮萍科 |

# 8. 浮萍

浮萍是浮水植物，属世界性分布，常见于池塘、湖泊内。

浮萍，浮水小草本。根1条，纤细。叶状体对称，倒卵形，绿色，不透明。叶状体背面一侧具囊。花单性，雌雄同株，生于叶状体边缘开裂处；佛焰苞翼状，内有雌花1，雄花2；果实近陀螺状，无翅。种子1颗。花期为4—6月，果期为5—7月。

园林部门常用浮萍绿化水塘。农民把浮萍作为良好的牲口青饲料和草鱼饲料。此外，浮萍在医药中还有清热解毒的作用。根据现代科学研究，浮萍含红草素、牡荆素等黄酮类化合物，还含脂肪酸、多种维生素和矿物质等。

| 学名 | *Zizania latifolia* |
|------|---------------------|
| 别称 | 茭瓜、茭菜、出隧、茭首、菰首、菰笋、茭笋、茭粑等 |
| 分类 | 水生植物；禾本目，禾本科 |

# 9. 茭白

　　茭白原产于中国及东南亚，但作为蔬菜栽培的，只有我国和越南，中国在唐朝时就有栽培，是世界上最早栽培茭白的国家。

　　茭白为多年生水生宿根植物。株高 1.6～2 米，有叶 5～8 片，叶由叶片和叶鞘两部分组成。茎可分地上茎和地下茎两种，地上茎是短缩状，部分埋入土中，其上发生多数分蘖；地下茎为匍匐茎。由于茭白植株体内寄生着黑穗菌，受菌丝体代谢产物——吲哚乙酸的刺激，基部 2～7 节处分生组织细胞增生，膨大成肥嫩的肉质茎（菌瘿），即食用的茭白。

　　茭白本身是清鲜之物，营养丰富。茭白不但味美，还有药用价值。

| 学名 | *Nelumbo nucifera* |
|------|------|
| 别称 | 水芙蓉、中国莲、莲 |
| 分类 | 水生植物；睡莲目，莲科 |

# 10. 莲花

世界上的莲花有两大品系：中国品系和美国品系。这些培育出来的莲花都具有很强的观赏性。

莲花地下茎长而肥厚，有长节，叶盾圆形。花期为6—9月，花单生于花梗顶端，花瓣多数嵌生在花托穴内，有红色、粉红色、白色、紫色等，或有彩纹、镶边。坚果呈椭圆形，种子呈卵形。

我国在辽宁普兰店东发现的古莲子，历经千年后，在科学家的努力下仍可萌发，生根，开花。

莲花除了有很强的观赏性外，其浑身都是宝。不仅可以做成美味的菜肴，还有极强的药用价值。

| 学名 | *Trapa incisa* |
|------|----------------|
| 别称 | 风菱、乌菱、菱实、细果野菱 |
| 分类 | 水生植物；桃金娘目，菱科 |

# 11. 菱

11

　　菱起源于中国南方及亚洲、非洲的温暖地区，分布很广，但在多数国家和地区为野生状态，只有中国和印度在进行栽培利用。日本、朝鲜、印度、巴基斯坦也有分布。

　　菱为一年生浮水水生草本植物。叶片呈三角状菱圆形，互生，在水面呈旋叠状镶嵌排列成莲座状的菱盘，叶片中部有浮器，组织疏松，内贮空气，飘浮水上。叶边缘中上部具不整齐的圆凹齿或锯齿；4 片花瓣，白色；花期 5—10 月，果期 7—11 月。果实为坚果。果皮革质，绿色或紫黑色，内含种子 1 粒。

　　果含淀粉 50% 以上，可供食用和酿酒。全株可作饲料。常食用有抗腹水和防治肝癌的作用。

| 学名 | *Phragmites australis* |
|------|------------------------|
| 别称 | 苇、芦、芦苇 |
| 分类 | 水生植物；禾本目，禾本科 |

# 12. 芦苇

　　芦苇多生于低湿地或浅水中，常形成苇塘。在我国广泛分布，其中东北的松嫩平原、三江平原，内蒙古的呼伦贝尔，新疆的伊犁河谷，华北平原的白洋淀等区域，是芦苇大面积集中的地区。

　　芦苇植株高大，地下有发达的匍匐根状茎。叶鞘呈圆筒形，叶舌有毛，叶片呈长披针形。花期为8—12月。芦苇的果实为颖果，披针形，顶端有宿存花柱。具长、粗壮的匍匐根状茎，以根茎繁殖为主。

　　芦苇全身是宝。种植芦苇可保土固堤。苇秆可作造纸、人造丝和人造棉原料，也供编织席、帘等用；嫩时含大量蛋白质和糖分，人们常用来作包粽子的箬叶，也是优良的饲料；嫩芽也可食用；花絮可作扫帚，可填枕头；根状茎称芦根，有健胃、镇呕、利尿之功效。

| 学名 | *Arundo donax* |
|------|----------------|
| 别称 | 芦荻 |
| 分类 | 水生植物；禾本目，禾本科 |

# 13. 芦竹

芦竹喜温暖、水湿。主要产于江苏全省，多生长于河岸、道旁，适应性较强；浙江、安徽、福建、四川、云南、广东、广西等省区也有分布，现东北、河北、陕西有引种栽培。

芦竹为多年生草本植物。具根茎，须根粗壮。秆直立，高 2 ～ 6 米，常具分枝。叶片扁平，长 30 ～ 60 厘米，宽 2 ～ 5 厘米。圆锥花序，较紧密，长 30 ～ 60 厘米，分枝稠密，斜向上升。花期为 10—12 月。

芦竹以质嫩、干燥、茎秆短者的根状茎为药用部分，具有清热泻火等功效。

13

| 学名 | *Azolla imbricata* |
|------|------|
| 别称 | 满江红、绿萍、红萍 |
| 分类 | 水生植物；槐叶苹目，满江红科 |

# 14. 细绿萍

　　细绿萍属于满江红科的蕨类植物。一年生小型漂浮植物。叶小形，二裂互生，梨形、斜方形或卵形圆头或截头，全缘，通常分裂为上下两片，上片肉质，半月形，绿色，浮水，上面有乳头状突起，下面有黏质空腔，与满江红鱼腥藻共生。

　　细绿萍鲜嫩多汁，纤维含量少，味甜适口，既是猪、鸡、鸭、鱼的优等饲料，又是水田良好绿肥，还可以供药用。

　　细绿萍生长速度很快，过度繁殖会引起河道堵塞并影响鱼类生活。

14

| 学名 | *Euryale ferox* |
|------|-----------------|
| 别称 | 鸡头米、鸡头荷、鸡头莲 |
| 分类 | 水生植物；睡莲目，睡莲科 |

# 15. 芡实

芡实喜温暖湿润气候，需阳光充足。可在有疏松污泥的池塘、水库或沟渠种植。我国南方地区均有栽培。

芡实为一年生大型水生草本植物。根白色，根内有许多小气道，与茎叶中的气道相通。茎呈海绵状，中有气道。有沉水叶和浮水叶之分，浮水叶呈盾状，叶柄及花梗粗壮，皆有硬刺。花在苞顶，也如鸡喙。花瓣呈紫红色。浆果球形，外面密生硬刺；剥开后有软肉裹子，壳内有白米，形状如鱼目。种子球形，黑色。花期为7—8月，果期为8—9月。

芡实的种子含淀粉，可供食用、酿酒及制副食品用；作药用，可补脾益肾、涩精。全草为猪饲料，又可作绿肥。

| 学名 | *Acorus calamus* |
|------|------------------|
| 别称 | 藏菖蒲、菖蒲、大叶菖蒲、泥菖蒲 |
| 分类 | 水生植物；泽泻目，天南星科 |

# 16. 水菖蒲

水菖蒲原产于中国及日本，现广泛分布于世界温带和亚热带地区。最适宜温度为 20 ～ 25℃，10℃以下停止生长，冬季地上部分枯死，以地下茎越冬，喜水湿，常生于池塘、河流、湖泊岸边的浅水处。

水菖蒲为多年生挺水型草本植物。上海地区有野生分布。全株有特殊香气。具横走粗壮而稍扁的根状茎，上生有多数不定根。叶基生，叶片呈剑状线形，长 50 ～ 120 厘米，端渐尖，叶基部成鞘状，对折抱茎。中脉明显，两侧均隆起，平行脉每侧 3 ～ 5 条。6—9 月开花，花茎基出，扁三棱形，长 20 ～ 50 厘米。佛焰苞长 20 ～ 40 厘米，肉穗花序直立或斜生，圆柱形，黄绿色。浆果红色，长圆形，有种子 1 ～ 4 粒。

秋季采挖水菖蒲的根茎，除去茎叶及细根，晒干可药用。此外园林栽培和插花上也常见到水菖蒲的身影。

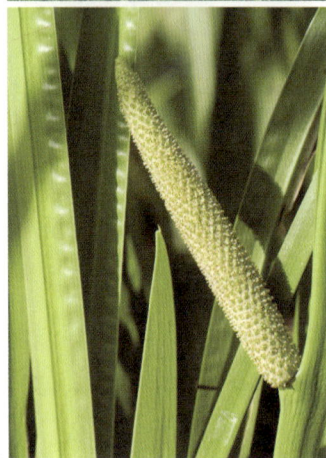

16

| 学名 | *Scirpus validus* |
|------|------|
| 别称 | 翠管草、冲天草、莞 |
| 分类 | 水生植物；莎草目，莎草科 |

# 17. 水葱

水葱分布于中国北方各省。朝鲜、日本、澳洲、美洲也有分布。常生长在沼泽地、沟渠、池畔、湖畔浅水中。

水葱为多年生宿根挺水型草本植物。株高 1～2 米，茎秆高大通直。秆呈圆柱状，中空。根状茎粗而匍匐，不定根很多。因花不明显，所以很难引起人们的注意，聚伞花序，花果期 6—9 月。小坚果。

水葱可作插花线条材料，也用作造纸或编织草席、草包材料。盆栽可作庭院布景装饰用。

水葱是典型的观茎花卉，也是药用植物之一。

| 学名 | *Oenanthe javanica* |
|------|---------------------|
| 别称 | 水英、细本山芹菜、蜀芹、野芹菜 |
| 分类 | 水生植物；伞形目，伞形科 |

# 18. 水芹

水芹原产于亚洲，主要分布在中国长江流域、日本北海道、印度南部、缅甸、越南、马来西亚等。

水芹为多年生草本植物，茎直立或基部匍匐。叶基部有叶鞘，叶片轮廓呈三角形。复伞形花序顶生，无总苞；伞辐 6～16；小总苞片 2～8，线形，长 2～4 毫米；小伞形花序有花 20 余朵；花瓣白色，倒卵形，有一长而内折的小舌片。花期为 6—7 月，果期为 8—9 月。

水芹含多种维生素和矿物质，还含有芸香苷、水芹素和槲皮素等。其嫩茎及叶柄质鲜嫩，清香爽口，可生拌或炒食。此外还有降低血压等药用功效。

18

| 学名 | *Nymphaea tetragonal* |
|---|---|
| 别称 | 子午莲、粉色睡莲、矮睡莲 |
| 分类 | 水生植物；睡莲目，睡莲科 |

# 19. 睡莲

19

睡莲原产于北非和东南亚热带地区，少数产于南非、欧洲和亚洲的温带和寒带地区。我国各省市均有栽培。

睡莲喜阳光，通风良好，所以白天开花的热带和耐寒睡莲在晚上花朵会闭合，到早上又会张开。

睡莲的叶呈圆形，而有些品种呈披针形或箭形；叶全缘，叶正面绿色光亮，背面紫红色，某些品种的叶面有暗褐色斑点或斑驳色。睡莲的花朵单生，为两性。花色多样。花瓣有单瓣、多瓣、重瓣。柱头物主要含葡萄糖、果糖及氨基酸，以吸引昆虫授粉。

睡莲的果实呈卵形至半球形，种子呈椭圆形或球形。

莲花除了供观赏之外，能够吸附水中的重金属，有净化水质的作用，此外还有药用价值。

| 学名 | *Nymphoides peltata* |
|---|---|
| 别称 | 荇菜、莲叶荇菜、水荷叶 |
| 分类 | 水生植物；龙胆目，龙胆科 |

# 20. 荇菜

荇菜原产于中国，分布广泛，从温带的欧洲到亚洲的印度、中国、日本、朝鲜、韩国等地区都有它的踪迹。常生于池沼、湖泊、沟渠、稻田、河流或河口的平稳水域。

根和茎生长于底泥中，茎枝悬于水中，生出大量不定根，叶和花漂浮于水面。

5—8 月开花并结果，9—10 月果实成熟。

荇菜叶片形似睡莲，小巧别致，鲜黄色花朵挺出水面，花多，花期长，用于绿化和美化水面。荇菜的茎、叶柔嫩多汁，无毒、无异味，富含营养，是一种良好的水生青绿饲料，全草均可入药，也可作绿肥用。

20

| 学名 | *Cipangopaludina cahayensis* |
|---|---|
| 别称 | 田螺、香螺 |
| 分类 | 水生动物，无脊椎动物；中腹足目，田螺科 |

# 21. 中华圆田螺

中华圆田螺广泛分布于中国，淡水湖泊、水库、稻田、池塘、沟渠等均产。朝鲜、北美等也有分布。

中华圆田螺个体大，壳高约 44.4 毫米，宽 27.5 毫米。贝壳近宽圆锥形，具 6～7 个螺层，每个螺层均向外膨胀。螺旋部的高度大于壳口高度，体螺层明显膨大。壳面光滑无肋，呈黄褐色。壳口近卵圆形，边缘完整、薄，具有黑色框边。

中华圆田螺喜栖息在水草茂盛的水域。适应性强，对干燥及寒冷环境有较强的抵抗力。足发达，适于水底爬行，常以水生植物和低等藻类为食。卵胎生，幼螺在雌体子宫内发育，长成仔螺后才排出体外，在水中营自由生活。肉可食用，还可作为家畜、家禽及鱼类饲料。

| 学名 | *Bellamya quadrata* |
|---|---|
| 别称 | 方田螺、螺蛳 |
| 分类 | 水生动物，无脊椎动物；中腹足目，田螺科 |

# 22. 方形环棱螺

　　方形环棱螺生活于河沟、湖泊、池沼及水田内，多栖息于腐殖质较多的水底。我国大部分地区均有分布。

　　螺壳呈圆锥形，螺层7层，缝合线深；壳面呈黄褐色或深褐色，有明显的生长纹及较粗的螺棱。壳口卵圆形，边缘完整。厣角质，黄褐色，卵圆形，上有同心环状排列的生长纹。

　　方形环棱螺喜生活在冬暖夏凉、底质松软、饵料丰富、水质清透的水域中，特别喜群集于有微流水之处。方形环棱螺喜夜间活动和摄食，食性杂。

　　雌多雄少，雌性占群体的75%～80%。卵胎生，一次可产仔20～40个。

22

| 学名 | *Anodonta woodiana* |
|------|------|
| 别称 | 菜蚌、河蚌、湖蚌、无齿蚌、圆蚌 |
| 分类 | 水生动物，无脊椎动物；珠蚌目，蚌科 |

# 23. 背角无齿蚌

背角无齿蚌广泛分布于我国各省的江河、湖泊、水库、沟渠及池塘中。

背角无齿蚌具有两瓣卵圆形外壳，左右同形，壳项突出，壳长约为壳高的 1.5 倍。壳前端较圆，腹线弧形，背线平直，后端略呈斜截形。绞合部无齿。壳面有明显的生长线。壳的内面有肌肉附着的肌痕。幼体蚌壳面呈黄绿色或黄褐色，成体蚌壳面呈黑褐色或黄褐色。壳内面珍珠层呈淡蓝色、淡紫色或橙红色，在贝壳腔内常呈灰白色并长有污点。

背角无齿蚌多栖息于淤泥底质、水流略缓或静水水域内，滤食有机质颗粒、轮虫、鞭毛虫、藻类、小的甲壳类等。

蚌肉既是美味的菜肴，也有医疗作用。

23

| 学名 | *Eriocheir sinensis* |
|------|----------------------|
| 别称 | 河蟹、大闸蟹、毛蟹、清水蟹 |
| 分类 | 水生动物，无脊椎动物；十足目，方蟹科 |

# 24. 中华绒螯蟹

中华绒螯蟹主要分布在亚洲的东部，我国长江、辽河、瓯江和闽江等均有分布。

中华绒螯蟹身体可分为头胸部和腹部，附有步足 5 对，第一对步足为螯足。头胸部的背面为方圆形的头胸甲所包盖。头胸甲中央隆起，前缘和左右前侧缘共有 12 个棘齿。额部两侧有一对带柄的复眼。头胸甲的腹面大部分被腹甲，腹部紧贴在头胸部的下面，普通称为蟹脐。雌蟹腹部呈圆形。雄蟹腹部呈三角形，螯足强大并密生绒毛。蟹的背部一般呈墨绿色，腹面灰白色。中华绒螯蟹喜生活在水质清新、溶氧丰富、水草茂盛、饵料丰富的微碱性或中性的水域中，隐居或穴居。以水生植物、底栖动物、有机碎屑及动物尸体为食，有抢食和格斗的天性。不同水系的中华绒螯蟹有不同的生态习性及生长性能，现以长江蟹最好。

中华绒螯蟹不但味美且营养丰富，历来被视为上品，营养价值超过一般鱼类。

| 学名 | *Acipenser sinensis* |
|---|---|
| 别称 | 鲟鱼、鳇鲟、黄鲟、腊子 |
| 分类 | 水生动物，淡水鱼；鲟形目，鲟科 |

# 25. 中华鲟

25

中华鲟是古老的珍稀鱼类，堪称"水中活化石"。主要分布于我国长江流域，此外在辽河、黄河、淮河、钱塘江、珠江等水域也有发现。

中华鲟体形修长，体纺锤形，头尖，头顶骨片裸露。口下位，呈一横裂。口前吻腹有2对须。体被5列骨质化硬鳞。尾鳍为歪形尾，上叶长，下叶短。头部和身体背部呈青灰色或灰褐色，腹部灰白色，各鳍灰色。

中华鲟栖息于大江河及近海底层。以浮游生物、植物碎屑为主食，偶尔吞食小鱼、小虾。中华鲟为典型的溯河洄游性鱼类，当雄鱼长到9～18岁，雌鱼长到14～26岁时，可达到初次性成熟，于7—8月间由海进入江河，在淡水栖息一年性腺逐渐发育并开始繁殖。幼鲟渐次降河，5—8月出现在长江口崇明岛一带肥育，待体长达30厘米左右陆续离开长江口浅水滩涂，入海培育生长。

中华鲟是国家一级保护动物。

| 学名 | *Coilia mystus* |
|------|------|
| 别称 | 烤子鱼、凤尾鱼 |
| 分类 | 水生动物，淡水鱼；鲱形目，鳀科 |

# 26. 凤鲚

凤鲚是长江、珠江、闽江等江河口的主要经济鱼类。体形与刀鲚相似。体延长，身侧扁，向后渐细尖，腹部有棱鳞。吻短，圆突。口大，下位。口裂倾斜。上颌骨后延伸达或伸过胸鳍基底。背鳍起点与腹鳍起点相对，臀鳍低而延长，与尾鳍相连。腹鳍短小。成鱼体长小于刀鲚，臀鳍条数目也比刀鲚少；体侧纵列鳞也少。体呈淡黄色。其吻端和各鳍条均呈黄色，鳍边缘为黑色。

凤鲚属于河口洄游性鱼类，平时栖息于浅海，每年春季，大量鱼类从海中洄游至江河口半咸淡水区域产卵，但决不上溯进入纯淡水区域。刚孵化不久的仔鱼就在江河口的深水处肥育，以后再回到海中，翌年达性成熟。5月上旬至7月上旬则大批到来，此时便是凤鲚渔汛的旺季，凤鲚在洄游到江河口产卵期间很少摄食。其以虾和幼鱼为食。

| 学名 | *Coilia ectenes* |
|------|------------------|
| 别称 | 刀鱼、毛鲚 |
| 分类 | 水生动物，淡水鱼；鲱形目，鳀科 |

# 27. 长颌鲚

长颌鲚在亚洲的泰国、缅甸、柬埔寨的湄公河、湄南河等流域以及非洲部分地区的水域均有出产。

长颌鲚体形狭长侧薄，颇似尖刀；上颌长，超过胸鳍基部；胸鳍鳍条细长，有6个长的细丝；臀鳍长，并与尾鳍相连，尾鳍短小。腹具棱鳞，无侧线。

长颌鲚属洄游性鱼类，产卵群体沿长江进入湖泊、支流或在长江干流进行产卵活动。幼鱼顺流而下，聚集在长江河口，肥育生长到第二年再回到海中生活。

长颌鲚肉味鲜美，肥而不腻，兼有微香，但多细毛状骨刺。长颌鲚、鲥鱼、河豚和鮰鱼被誉为"长江四鲜"。

27

| 学名 | *Neosalanx taihuensis* |
|---|---|
| 别称 | 小白鱼、小银鱼 |
| 分类 | 水生动物，淡水鱼；鲑形目，银鱼科 |

# 28. 太湖新银鱼

太湖新银鱼原名太湖短吻银鱼。分布于长江中、下游的附属湖泊中，以太湖所产最为著名。是太湖"三白"之一。

太湖新银鱼通体透明，从头的背面可以清楚地看到脑的形状，离水后鱼体即变为乳白色，终生保持软骨。体短小，全长不超过80毫米。头部扁平，后部侧扁，吻钝，呈弧形。背鳍起点距尾鳍基部小于至胸鳍基部的距离，背鳍后方有一小而透明的脂鳍。除雄性个体的臀鳍基部上方两侧各有一列前大后小的鳞片外，通体无鳞。在尾鳍、胸鳍第一鳍条上也散布小黑点。

太湖新银鱼终生生活在湖泊内，以浮游动物为主食，也食少量的小虾和鱼苗。半年即达性成熟，1冬龄亲鱼即能繁殖，生殖后不久便死亡。

太湖新银鱼是人们喜爱的美食之一，有滋养补肾、健胃补虚、益肺、利水之功效。

| 学名 | *Ctenopharyngodon idellus* |
|------|------|
| 别称 | 油鲩、草鲩、白鲩 |
| 分类 | 水生动物，淡水鱼；鲤形目，鲤科 |

# 29. 草鱼

　　草鱼是我国特有鱼类。栖息于平原地区的江河湖泊，一般喜居于水的中下层和近岸多水草区域。性活泼，游泳迅速，草食性，常成群觅食。体略呈圆筒形，头部稍平扁，尾部侧扁；体呈浅茶黄色，背部青灰，腹部灰白，胸、腹鳍略带灰黄，其他各鳍浅灰色且体较长。背鳍和臀鳍均无硬刺，背鳍和腹鳍相对。

　　在自然条件下，草鱼一般选择在江河干流的河流汇合处、两岸突然紧缩的江段为适宜的产卵场所，不能在静水中产卵。自 1958 年草鱼人工催产、受精孵化技术成功后，鱼苗、鱼种来源容易，成为我国主要精养对象，是中国淡水养殖的四大家鱼之一。目前已移植到亚洲、欧洲、美洲、非洲的许多国家养殖。

　　草鱼含有丰富的不饱和脂肪酸，对血液循环有利，是心血管病人的良好食物；还含有丰富的硒元素，经常食用有抗衰老、养颜的功效。

29

| 学名 | *Mylopharyngodon piceus* |
|------|--------------------------|
| 别称 | 青鲩、乌青、螺蛳青 |
| 分类 | 水生动物，淡水鱼；鲤形目，鲤科 |

# 30. 青鱼

青鱼主要分布于我国长江以南的平原地区。它是长江中下游和沿江湖泊里的重要渔业资源和各湖泊、池塘中的主要养殖对象，为中国淡水养殖的四大家鱼之一。

青鱼头部稍平扁。口端位，呈弧形。无须。背鳍和臀鳍无硬刺，背鳍与腹鳍相对。体背及体侧上半部呈青黑色，背部更深；腹部灰白色，各鳍均呈灰黑色，偶鳍尤深，体圆筒形。腹部平圆，无腹棱。尾部稍侧扁。

青鱼肉细嫩鲜美，蛋白质含量高，是淡水鱼中的上品。味鲜腴美，尤以冬令最为肥壮，更是菜肴中的佳品。

| 学名 | *Culter alburnus* |
|------|------|
| 别称 | 白水、太湖白鱼、翘壳、翘嘴白鱼 |
| 分类 | 水生动物，淡水鱼；鲤形目，鲤科 |

# 31. 翘嘴红鲌

　　翘嘴鲌分布甚广，黑龙江、辽河、黄河、长江、钱塘江、闽江、台湾、珠江等水系的干、支流及其附属湖泊中均有出产。其中，以巢湖、太湖及淀山湖白水鱼最为盛名。

　　翘嘴鲌体长，身侧扁，头背面平直，头后背部为隆起，体背部接近平直。口上位，下颌很厚，且向上翘，口裂几乎与身体成垂直。眼大，位于头的侧下方。腹鳍基至肛门间有腹棱。背鳍具强大而光滑的硬刺；尾鳍分叉，下叶稍长于上叶。体背浅棕色，体侧银灰色，腹面银白色，背鳍、尾鳍灰黑色，胸鳍、腹鳍、臀鳍灰白色。

　　翘嘴鲌平时多生活在流水及大水体的中上层，游泳迅速，善跳跃。以小鱼为食，是一种凶猛性鱼类。幼鱼喜栖息于湖泊近岸水域和江河水流较缓的沿岸，以及支流、河道与港湾里。

　　翘嘴鲌肉白而细嫩，味美而不腥，一贯被视为淡水鱼的名贵品种。近年来人工养殖技术已突破，成为淡水特种养殖产品。

31

| 学名 | *Culter mongolicus* |
|------|------|
| 别称 | 红梢子、尖头红梢、红尾巴 |
| 分类 | 水生动物，淡水鱼；鲤形目，鲤科 |

# 32. 蒙古鲌

蒙古鲌分布广，我国几大水系均有记录。国外常见于俄罗斯。

蒙古鲌体长，侧扁，头部背面平直，头后背部稍隆起。吻稍突出，口端位，下颌稍突出，口裂稍斜。腹鳍基至肛门有腹棱，背鳍具光滑的硬刺；尾鳍分叉深，两叶末端尖，下叶稍长于上叶。体背部及头部呈浅棕色，腹部银白，背鳍灰色，胸鳍、腹鳍、臀鳍及尾鳍上叶均为浅黄色，尾鳍下叶为橘红色。

蒙古鲌平时生活在水流缓慢的河湾或湖泊的中上层，游动敏捷，活动较分散。5—7 月集群繁殖，冬季多集中在河流深水处或湖泊的深潭越冬。肉食性，幼鱼以浮游动物、水生昆虫为食；成鱼则以小鱼和虾为主食。

蒙古鲌肉质鲜嫩而不腥，故经济价值也较大。

| 学名 | *Megalobrama amblycephala* |
|------|---------------------------|
| 别称 | 鳊鱼、团头鳊 |
| 分类 | 水生动物，淡水鱼；鲤形目，鲤科 |

# 33. 团头鲂

团头鲂体高，身侧扁，呈菱形，头后背部隆起。头小，吻圆钝，口端位，口裂宽，上下颌等长；胸部平坦，腹部自腹鳍基部至肛门具有皮质腹棱。背鳍具光滑硬刺，臀鳍长。体背部青灰色，两侧银灰色，体侧每个鳞片基部灰黑，边缘黑色素稀少，使整个体侧呈现出一行行紫黑色条纹，腹部银白，各鳍条灰黑色。

团头鲂分布于长江中下游湖泊，喜欢在静水生活。平时栖息于底质为淤泥、并生长有沉水植物的敞水区的中下层中。成鱼摄食水生植物。目前已在全国各地人工养殖。团头鲂肉质细嫩、腴美，脂肪丰富，备受消费者的青睐。

33

| 学名 | *Hypophthalmichthys molitrix* |
|------|------|
| 别称 | 白鲢、水鲢、跳鲢 |
| 分类 | 水生动物，淡水鱼；鲤形目，鲤科 |

# 34. 鲢鱼

　　鲢鱼分布于亚洲东部，在我国各大水系随处可见。生长快，最大个体可达 40 公斤。鲢鱼以浮游植物为食物，被列入我国淡水养殖的四大家鱼之一。

　　鲢鱼体侧扁；头较大，口阔；眼小，位置很低。喉部至肛门间有发达的皮质腹棱。胸鳍末端仅伸至腹鳍起点或稍后。体银白，各鳍灰白色。性急躁，善跳跃。

　　鲢鱼肌肉可供食用和药用，味甘、性温，具有温中益气的功能，主治久病体虚、食欲不振、头晕、乏力。其胆汁有毒。

34

| 学名 | *Hypophthalmichthys nobilis* |
|------|------|
| 别称 | 花鲢、胖头鱼、大头鱼 |
| 分类 | 水生动物，淡水鱼；鲤形目，鲤科 |

# 35. 鳙鱼

鳙鱼在我国水域范围广泛分布。有"水中清道夫"的雅称，是中国四大家鱼之一。

鳙鱼生长在淡水湖泊、河流、水库、池塘里，多分布在淡水区域的中上层。鳙鱼性温驯，不爱跳跃。

鳙鱼体侧扁。头部大而宽，头长约为体长的1/3。口亦宽大，稍上翘。鳞细而密。背部黑色，体侧深褐带有黑色或黄色花斑。腹部灰白。各鳍浅灰。从腹鳍基部至肛门之间具有角质腹棱。

鳙鱼含多种维生素和矿物质，常食用，有提高记忆、延缓衰老的作用。

| 学名 | *Carassius auratus* |
|------|---------------------|
| 别称 | 鲫瓜子、月鲫仔、河鲫鱼 |
| 分类 | 水生动物，淡水鱼；鲤形目，鲤科 |

# 36. 鲫鱼

鲫鱼在我国各地水域常年均有生产。适应性非常强，不论是深水或浅水、流水或静水、高温水或低温水均能生存。

鲫鱼的体形呈流线型，体侧扁而高，体较厚，腹部圆。头短小，吻钝，鳞片大，侧线微弯，背鳍长，外缘较平直。背鳍、臀鳍第 3 根硬刺较强，后缘有锯齿。尾鳍深叉形。一般体背面灰黑色，腹面银灰色，各鳍条灰白色。因生长水域不同，体色深浅有差异。鲫鱼的体色是其保护色。

鲫鱼所含的蛋白质质优、齐全，且易消化吸收，是肝肾疾病患者、心脑血管疾病患者的良好蛋白质来源，常食可增强抗病能力。产后妇女炖食鲫鱼汤，可补虚通乳。适合中老年人和病后虚弱者食用。

鲫鱼为重要的养殖种类，已培育出多个品种，如高背鲫、方正银鲫、湘云鲫等。

| 学名 | *Cyprinus carpio* |
| --- | --- |
| 别称 | 鲤拐子、毛子 |
| 分类 | 水生动物，淡水鱼；鲤形目，鲤科 |

# 37. 鲤鱼

  鲤鱼为初级淡水鱼，栖息于河川中下游、湖沼、水库等水流静止的地区，尤其喜好富营养之底层或水草繁生之水域。喜欢在有腐殖质的泥层中寻找食物。食性杂，幼鱼期主要吃浮游生物，成鱼则以底栖动物为主要食物。

  鲤鱼体侧扁而肥厚，口呈马蹄形，具须两对。背鳍基部较长，背鳍和臀鳍均有一根粗壮带锯齿的硬棘。野生种体金黄色，养殖鱼背部黄绿色，腹部淡黄色，尾鳍下叶橙红色。各鳞形成网目状斑纹，各鳍微黄色。

  鲤鱼对环境的忍受力强，能在低温及溶氧下生存，性活泼而善跳跃。

  鲤鱼是淡水鱼类中品种最多、分布最广、养殖历史最悠久、产量最高者之一，如红鲤鱼、锦鲤等为重要的观赏品种。

37

| 学名 | *Silurus asotus* |
|------|------------------|
| 别称 | 胡子鲢、黏鱼、塘虱鱼、生仔鱼 |
| 分类 | 水生动物，淡水鱼；辐鳍鱼纲，鲶形目，鲶科 |

# 38. 鲶鱼

鲶的同类几乎分布在全世界,鲶鱼主要生活在江河、湖泊、水库、坑塘。

鲶鱼身体表面没有鳞,多黏液;体长形,头部平扁,尾部侧扁。口下位,口裂小,末端仅达眼前缘下方（末端达眼后缘的是大口鲶）。下颚突出。体色通常呈黑褐色或灰黑色,略有暗云状斑块。

多在沿岸地带活动,白天多隐于草丛、石块下或深水底,一般在夜晚觅食活动。凭嗅觉和两对触须猎食。

鲶鱼营养丰富,其食疗作用和药用价值是其他鱼类所不具备的,强精壮骨和益寿作用是它独具的亮点。

| 学名 | *Siniperca chuatsi* |
|------|---------------------|
| 别称 | 桂鱼、鳌花鱼、季花鱼、花鲫鱼、桂花鱼 |
| 分类 | 水生动物，淡水鱼；鲈形目，真鲈科 |

# 39. 鳜鱼

鳜鱼广泛分布在江河、湖泊、水库中，喜欢栖息于清洁、透明度较好、有微流水的环境中。鳜鱼为典型的肉食性鱼类，喜食活饵料，常吞食超过自身长度的活鱼苗。

鳜鱼体高而侧扁，口大，上颌骨延伸至眼后缘，下颌稍突出，上、下颌前部齿呈犬齿状。眼上侧位，前鳃后缘具 4 ~ 5 枚棘。圆鳞细小，背鳍长，前部棘发达。体呈黄绿色，腹部黄白色，体两侧有大小不规则的褐色条纹。

鳜鱼肉质细嫩丰满，少刺肉多，味道鲜美，为鱼中佳品，深受人们喜爱。

39

| 学名 | *Boleophthalmus pectinirostris* |
|------|-------|
| 别称 | 花跳、跳跳鱼 |
| 分类 | 水生动物，淡水鱼；鲈形目，鰕虎鱼科 |

# 40. 大弹涂鱼

大弹涂鱼分布于东南亚及日本和我国沿海一带的河口泥滩。为暖水性潮间带鱼类，喜穴居软泥底质低潮区或半咸水的河口滩涂，借助腹鳍在泥涂上匍匐跳跃，觅食。以底栖硅藻为主食。

大弹涂鱼体呈圆柱形，眼较小，突出于头背缘之上。胸鳍基部宽大，肌肉柄发达，腹鳍愈合成吸盘。体背黑褐色，背鳍和尾鳍上有蓝色小圆点。背侧有 6 个黑色条状块，周身遍布不规则的绿褐色斑点，腹部灰色。胸鳍有黄绿色虫纹状图案，十分漂亮。皮肤和尾巴为辅助呼吸器官，可利用胸鳍和尾柄在海滩上爬行或匍匐跳跃，稍受惊动就跳回水中或钻入穴内，对恶劣环境的水质耐受力强。

| 学名 | *Channa argus* |
|---|---|
| 别称 | 黑鱼、乌鱼、乌棒 |
| 分类 | 水生动物，淡水鱼；鲈形目，鳢科 |

# 41. 乌鳢

　　乌鳢分布于印度、东南亚至俄罗斯远东地区、朝鲜、日本以及各大水系。

　　乌鳢身体前部呈圆筒形，后部侧扁。体色呈灰黑色，体背和头顶色较暗黑，腹部淡白，体侧各有不规则黑色斑块，头侧有黑色斑纹。奇鳍有黑白相间的斑点，偶鳍为灰黄色，间有不规则斑点。头长，吻短圆钝，口大，牙细小。眼小，鼻孔两对。

　　乌鳢喜栖息于水生植物丰富、水流缓慢平静的湖泊、池塘、水库以及河流等水域。肉食性，主要以水生昆虫、小虾以及其他种类小鱼为食。

　　乌鳢肉中含蛋白质、脂肪、多种氨基酸，还含有人体必需的矿物质及多种维生素，适用于身体虚弱，低蛋白血症、脾胃气虚、营养不良，贫血之人食用还有补血作用。

41

| 学名 | *Trachidermus fasciatus* |
|------|--------------------------|
| 别称 | 四鳃鲈、花鼓鱼、老虎鱼 |
| 分类 | 水生动物，淡水鱼；鲈形目，杜父鱼科 |

# 42. 松江鲈鱼

松江鲈鱼在我国的淡水和浅海中分布很广，渤海、东海、黄海沿岸及通海河川江湖中均有分布，但长江三角洲为主要分布区，特别以上海松江县所产的最为有名，所以称为松江鲈鱼。

松江鲈鱼头及体前部宽且平扁，向后渐细且侧扁。头大，头背面的棘和棱被皮肤所盖。口大，体背侧黄褐色、灰褐色，腹侧黄白。其体色可随环境和生理状态发生变化。在繁殖季节，成体鱼头侧鳃盖膜上各有 2 条橘红色斜带，似 4 片鳃叶外露，由此得名"四鳃鲈"。

松江鲈鱼在淡水中生长肥育，每年 11 月左右降海洄游至沿海水域产卵。雄鱼有护卵行为。

松江鲈鱼含有丰富的矿物质、维生素和氨基酸，特别是蛋白质含量比牛肉要高，是人们喜爱的美食之一。

| 学名 | *Takifugu obscures* |
|------|---------------------|
| 别称 | 气泡鱼、吹肚鱼、河豚鱼 |
| 分类 | 水生动物，淡水鱼；鲀形目，鲀科 |

# 43. 暗纹东方鲀

43

　　暗纹东方鲀属江海洄游性鱼类，每年春天性成熟的亲鱼成群由东海进入长江中下游或鄱阳湖水系产卵。幼鱼在淡水中育肥，第二年春天返至海中。

　　暗纹东方鲀身体呈长椭圆形，前部钝圆，渐向尾部狭小。口小，唇发达，上下颌各有 2 个喙状牙板。鳃孔小，为一弧形裂缝。眼小，可闭合。背鳍位置靠后，与臀鳍几乎相对。无腹鳍，尾鳍平截，后端灰褐色。侧线明显，每侧 2 条。全身无鳞，头部、体背及腹部均披小刺，小刺为倒钩刺。体背及上侧部具灰褐色横带纹，下侧及腹部淡黄色至白色。胸鳍上方及背鳍基部各有一块黑斑，臀鳍黄色。

　　暗纹东方鲀肉质鲜美，但野生种类内脏和血液有剧毒，严禁食用。人工养殖成功，养殖种类基本无毒，须经专业厨师制作后方可食用。

| 学名 | *Pseudosciaena polyactis* |
|------|---------------------------|
| 别称 | 小黄瓜、厚鳞仔、黄花鱼 |
| 分类 | 水生动物，海水鱼；鲈形目，鲈总科 |

# 44. 小黄鱼

　　小黄鱼主要分布在我国渤海、黄海和东海，主要产地在江苏、浙江、福建、山东等省沿海。与大黄鱼、乌贼、带鱼一起被称为中国四大海产。

　　小黄鱼体长而侧扁，呈柳叶形，鳞片大，嘴尖，头内有耳石，颏部有 6 个细孔。背部灰褐色，腹两侧为黄色，鳞片中等大小，背鳍较长，中间有起伏，尾鳍双截形。一般体长 16 ～ 25 厘米、体重 200 ～ 300 克。产期在 3—5 月和 9—12 月。

　　小黄鱼肉嫩且多，肉呈蒜瓣状，刺少，营养丰富，是优质食用鱼，味道鲜美。是病后体虚者的滋补和食疗佳品。

　　大、小黄鱼是两个不同的种类，主要区别是：大黄鱼的鳞较小（侧线上鳞 8 ～ 9 行），小黄鱼的鳞片较大（侧线上鳞 5 ～ 6 行）；大黄鱼的尾柄较长（尾柄长为尾柄高的 3 倍以上），而小黄色尾柄较短（尾柄长为尾柄高的 2 倍）。

| 学名 | *Pseudosciaena crocea* |
|---|---|
| 别称 | 黄鱼、大王鱼、大黄花鱼 |
| 分类 | 水生动物，海水鱼；鲈形目，石首鱼科 |

# 45. 大黄鱼

　　大黄鱼分布于黄海中部以南至琼州海峡以东的中国大陆近海及朝鲜西海岸，为中国四大海产之一。大黄鱼是我国近海主要经济鱼类，目前人工繁殖已获成功。

　　大黄鱼体侧扁，尾柄长为高的 3 倍余。头较大，具发达黏液腔。下颌稍突出。体黄褐色，腹面金黄色，各鳍黄色或灰黄色。唇橘红色。头颅内有 2 块白色矢耳石。

　　大黄鱼为暖温性近海集群洄游性鱼类。黎明、黄昏或大潮时多上浮。成鱼主要摄食各种小型鱼类及甲壳动物。大黄鱼的声肌收缩时，压迫内脏使鳔共振而发声，能发出强烈的间歇性声响。

45

　　大黄鱼含有丰富的蛋白质、微量元素和维生素，能清除人体代谢产生的自由基。对体质虚弱和中老年人来说，食用大黄鱼会有很好的食疗效果。

| 学名 | *Trichiurus lepturus* |
|------|------|
| 别称 | 刀鱼、牙带鱼 |
| 分类 | 水生动物，海水鱼；鲈形目，带鱼科 |

# 46. 带鱼

带鱼主要分布于西太平洋和印度洋，我国东南沿海均有分布。数量甚多，和大黄鱼、小黄鱼及乌贼并称为中国四大海产。

带鱼侧扁呈带状，体长一般为 50～70 厘米，大者长达 120 厘米。头狭长，吻尖突；口大，口裂后缘达眼下方，牙齿发达且尖利。眼中大。尾鞭状，尾鳍消失。体表呈银灰色，无鳞，但表面有一层银粉；背鳍及胸鳍浅灰色，带有很细小的斑点，尾巴为黑色。

带鱼属洄游性鱼类。捕食毛虾、乌贼及其他小型鱼类。带鱼肉嫩体肥、味道鲜美、食用方便，是人们比较喜欢食用的一种海洋鱼类，具有很高的营养价值，对病后体虚、外伤出血等症状具有一定的帮助。

46

| 学名 | *Pampus argenteus* |
|------|--------------------|
| 别称 | 鲳鱼、鲳扁鱼、镜鱼 |
| 分类 | 水生动物，海水鱼；鲈形目，鲳科 |

# 47. 银鲳

银鲳分布在中国沿海、日本中部、印度东部海域。

银鲳体侧扁，略呈菱形。头较小，吻圆钝略突出。口小，稍倾斜。体被细小圆鳞，极易脱落。背鳍及臀鳍鳍棘埋于皮下，背鳍前部鳍条呈镰状。无腹鳍。尾鳍分叉深。

银鲳为暖水性中上层鱼类。平时分散栖息于潮流缓慢的近海，生殖季节群游向近岸及河口附近，为名贵海产经济鱼类。

浙江宁波在国内外首次人工繁殖银鲳成功。

银鲳几乎全身都是肉，骨刺少、肉味鲜美，深受人们喜爱，还可进行养殖供观赏。

| 学名 | *Bufo bufogargarizans* |
|------|------------------------|
| 别称 | 蛤蟆、疥蛤蟆、癞蛤蟆 |
| 分类 | 水生动物，两栖类；无尾目，蟾蜍科 |

# 48. 中华大蟾蜍

中华大蟾蜍广泛分布于我国东北、华北、华东、华中、西北、西南等大部分地区。

中华大蟾蜍体形如蛙，四肢比蛙粗壮。头宽大，口阔，吻端圆，吻棱显著。舌分叉，可随时翻出嘴外，自如地把食物卷入口中。口内无犁骨齿，上下颌亦无齿。皮肤粗糙，全身布满大小不等的圆形瘰疣，头顶部两侧有一对大而发达的耳后腺。雄性背面多呈橄榄黄色，有不规则的花斑，疣粒上有红点；雌性背面呈浅绿色，花斑酱色，疣粒上也有红点；头后背正中常有浅绿色脊线，上颌缘及四肢有深棕色纹。两性腹面均为乳白色，一般无斑点，少数有黑色分散的小斑点。生殖季节雄性内侧三指基部有黑色婚垫。

白天栖居草丛、石下或土洞中，傍晚到清晨常在塘边、沟沿、河岸、田边、菜园、路旁或房屋周围觅食，夜间和雨后最为活跃，主要以蜗牛、蛞蝓、蚯蚓、蝗虫、甲虫、蛾类等动物为食。气温下降至10℃以下时，钻入砖石洞、土穴中或潜入水底冬眠。

蟾蜍不仅是农作物、牧草和森林害虫的天敌，也是重要的动物药——蟾酥的药源。

| 学名 | *Rana nigromaculata* |
|------|------|
| 别称 | 青蛙、田鸡 |
| 分类 | 水生动物，两栖类；无尾目，蛙科 |

# 49. 黑斑蛙

除了西北地区以外，黑斑蛙在我国大部分地区均有分布。日本、朝鲜、俄罗斯东部也有分布。

黑斑蛙体长 7～8 厘米，雄性略小。头部略呈三角形，长略大于宽。吻钝圆而略尖。前肢短，第一指上有细小的白疣，有雄性腺。后肢较短而肥硕。体背面有 1 对较粗的背侧褶，2 背侧褶间有 4～6 行长短不一的肤褶。背面为黄绿或深绿或带灰棕色，上面有不规则的、数量不等的黑斑，四肢背面有黑色横斑，腹面皮肤光滑呈鱼白色。

蝌蚪体笨重，尾鳍发达，尾末端尖圆。变态发育。

黑斑蛙成蛙常栖息于稻田、池塘、湖泽、河滨、水沟内或水域附近的草丛中，一昼夜捕虫可达 70 余只，是消灭田间害虫的有益动物。

49

| 学名 | *Andrias davidianus* |
|------|----------------------|
| 别称 | 娃娃鱼、人鱼、孩儿鱼 |
| 分类 | 水生动物，两栖类；有尾目，隐鳃鲵科 |

# 50. 大鲵

  大鲵是世界上现存最大的也是最珍贵的两栖动物，主要分布于长江、黄河及珠江中上游支流的山涧溪流，1988 年被列为国家二级重点保护水生野生动物，也是野生动物基因保护品种。

  大鲵的叫声很像幼儿哭声，因此人们又叫它"娃娃鱼"。体长可达 1 米及以上，体重最重的可超百斤。大鲵头部扁平、钝圆，口大，眼不发达，无眼睑。身体前部扁平，至尾部逐渐转为侧扁。体色可随不同的环境而变化，但一般多呈灰褐色。体表光滑无鳞，但有各种斑纹，布满黏液。

  大鲵栖息于山区的溪流之中，在水质清澈、水流湍急，并且有回流水的洞穴中生活。生性凶猛，肉食性，以水生昆虫、鱼、蟹、虾、蛙、蛇、鳖、鼠、鸟等为食。

50

# 后 记

2006年，我中心在普陀区教育局及基教科、教育学院的指导下，自主开发了"农耕文化系列教材"。2012年11月，我们推荐的三本校本教材《农耕文化常识读本（画册）》《耕耘未来——社会实践活动50案例》（2009年少年儿童出版社出版）、《漫游农耕园》（2012年少年儿童出版社出版），被全国青少年校外教育工作联席会议办公室评为"首届全国未成年人校外教育理论与实践研究优秀成果"一等奖，被教育部基础教育课程改革综合实践活动项目组评为"全国基础教育课程改革综合实践活动第十一届年会"课程资源一等奖。2014年10月，我们又和中国农业博物馆合作，对《农耕文化常识读本》进行改版，由武汉大学出版社出版。

我们立足于校外教育的职能、户外营地的特质、学农基地的特点与学校学科知识相贯通，开发了本套书，作为我中心落实《上海市学生农村社会实践教育指导大纲（试行）》的新尝试。在我中心安亭基地的建设中，建设"以现代农业为主、传统农业为辅，以提升学生创新素养为目的"的田园学堂，我们秉承设计四大系列八大类别的课程体系。

本套书定名为《农田生物世界》，共6册，包括《蔬果篇》《园林篇》《草药篇》《昆虫篇》《鸟类篇》和《水生篇》，每册均列举了长江流域较为常见、学生在学科学习中有所接触的50种生物种类。

在该套书开发的过程中，我们不断地用严谨的科研态度来完善内容：

第一，着眼于"国际生物多样性日"活动，汲取了上海市科技艺术教育中心组织的植物认知、鸟类认知、昆虫认知等户外实践活动比赛的经验，结合本中心安亭基地的自然环境和教育特点，形成校本化的实践活动课程。

第二，编者一方面是出于对学生知识结构的考量，另一方面也是想尽可

51

能地做到校内外教育的通融，帮助学生将课堂中学到的符号化知识能够通过实践活动变为更为鲜活的生活体验。

第三，校外教育是教育的重要组成部分，要主动与学校教育对接，以科学、技术、工程、数学教育（即 STEM）综合运用学科知识的理念用于课程开发。虽然内容篇幅短小，但尽可能地融入了人文类知识，有助于调用学生已有的学科知识。

第四，我中心还组织编者、部分学校的骨干教师（黄宏等）和程序设计师共同开发了与本套书配套的网上田园学堂之"生物万花筒"软件，通过上海市青少年学生校外活动联席会议办公室"博雅网"对外共享。我们还将组织编者继续开发面向户外营地辅导员和学生的配套丛书的实践活动案例，提升本套书的使用效益。

本套书的编者除了我中心的部分辅导员之外，还有基层学校部分骨干教师和专业人士的热情参与，如新黄浦实验学校的金恺老师，曹杨中学的钱叶斐老师；草药篇则由上海雷允上药业西区公司顾问、副主任中药师师文道先生亲自执笔；后期实践活动的案例还邀请了部分基层学校教师（朱沪疆等）及校外教育机构教师（罗勇军等）参与撰稿。

本套书在编写中得到了华东师范大学周忠良、唐思贤、李宏庆和上海师范大学李利珍等教授的专业指导，他们还提供了部分有版权的珍贵照片。

在本套书即将付梓之际，谨向所有参与编撰工作的干部、教师，尤其是各位顾问与专家致以最诚挚的谢意！

由于时间仓促，且编者学识、水平有限，书中尚有不少疏漏和值得商榷之处，恳请读者批评指正。

上海市普陀区中小学社会实践服务中心

孙英俊　向宓

2015 年 2 月

# 参 考 文 献

[1]  刘启星 . 江苏植物志 . 南京：江苏科学技术出版社，2013.

[2]  张春光 . 中国动物志 . 北京：科学出版社，2010.

# 图片来源说明

　　本套教材图片经由本课题组与北京全景视觉网络科技有限公司上海分公司 (www.quanjing.com)、123RF 有限公司 (www.123rf.com.cn) 两家专业图片公司签约，所用图片主要由这两家公司授权使用。

　　此外，有部分图片由编者自行拍摄。但仍有个别图片从网上下载（目前无法联系到摄影者），请作者见此说明后致电出版社进行联系，我们将按照市场价格支付图片版权的使用费用。

　　以上文字解释权在本课题组。

《农田生物世界》课题组

2015 年 6 月

全国青少年校外教育活动指导教程丛书

# 农田生物世界

## 鸟类篇

钱叶斐◎编

WUHAN UNIVERSITY PRESS
武汉大学出版社

图书在版编目（CIP）数据

农田生物世界．鸟类篇／钱叶斐编．—武汉：武汉大学出版社，
2015.6

全国青少年校外教育活动指导教程丛书

ISBN 978-7-307-15994-5

Ⅰ．农… Ⅱ．钱… Ⅲ．① 生物—青少年读物 ② 鸟类—青少
年读物 Ⅳ．① Q-49 ② Q959.7-49

中国版本图书馆 CIP 数据核字（2015）第 118778 号

责任编辑：王 蕾 孙 丽 责任校对：路亚妮 装帧设计：孙英俊 潘婷婷

出版发行：**武汉大学出版社**（430072 武昌 珞珈山）

（电子邮件：whu_publish@163.com 网址：www.stmpress.cn）

印刷：武汉市金港彩印有限公司

开本：880×1230 1/32 印张：1.875 字数：25 千字

版次：2015 年 6 月第 1 版 2015 年 6 月第 1 次印刷

ISBN 978-7-307-15994-5 定价：130.00 元（全套六册，精装）

# 序

进入 21 世纪，校外教育作为实施素质教育的重要阵地，发挥着日益重要的作用。青少年户外营地作为校外教育重要的组成部分，其规范化、专业化建设，尤其是实践活动课程建设成为其"转型驱动，创新发展"的重要原动力。

本套书的主创团队——上海市普陀区中小学社会实践服务中心的辅导员们立足于青少年户外营地的教育职能，在组织学生开展日常的农村社会实践活动过程中，敏锐地意识到充分利用学生接触大自然的优势，以营地的农田和植物园区作为学习的课堂，能带给学生全新的学习享受。

通过零距离接触书中提及的各种动植物，一草一木、一虫一鸟不仅能带给学生无穷的乐趣，而且能激发他们求知的动力，用多维的感觉加深对知识的理解，用感性的体验激发学习的兴趣，进而生动地理解环境对人类生存的重要性。

在我国漫长的农耕文化发展过程中，随着中华民族聪明的先民们生产力水平的不断提升，人们对自然环境的了解也在不断加深，对身边生物资源的了解更加深入，依赖也越显紧密。他们在逐步建立和完善以环境安全、生态保护为主要特征的农业生产方法的进程中，逐渐形成了"天人合一"的哲学思想。在全球环境问题日益突出的今天，本套教材内容贴合实践活动，通过在实践中的认识和尝试，对我们深刻理解十八大提出的"生态文明""美丽中国"有着重要的意义。

因此，本套书的开发，真正意义上是源自于学生在实践活动中的实际需求，贴近学生的发展、营地的特质及生态的教育。2013 年，上海市普陀区中小学社会实践服务中心"农田生物世界"项目在上海市教委"上海市学生农村社会实践基地重点建设项目"评审中中标。作为项目成果，本套书以小学、初中、高中各年段的学生为主要读者对象，围绕"生物多样性"主题，涵盖植物、动物两类，既可以用于户外营地，也可以用于学校，乃至社区和家庭。

本套书是户外营地的实践与学科知识的贯通、拓展与整合的成果。据悉，该中心还将开发相关的实践活动案例，以更好地指导营地辅导员和学生用好这套教材。

期待更多的校外教育工作者能基于自身工作特点，勇于开拓创新，为上海市校外教育的改革和发展，为学生的健康成长作出不懈努力。同时，也希望读者在阅读的过程中能提出宝贵的意见，进而不断完善丛书的内容。

上海市科技艺术教育中心

卢晓明

2015 年 2 月

# 目　录

| 学名 | *Hirundo rustica* |
|------|------|
| 别称 | 燕子、拙燕 |
| 分类 | 雀形目，燕科 |

# 1. 家燕

夏候鸟。其喙基部宽呈倒三角形。翅狭长而尖。尾呈叉状。上体蓝黑色，有金属光泽，腹面白色。

飞行时，尾平展，其内羽瓣上的白斑相互连成"V"字形。颏、喉和上胸棕栗色。幼鸟和成鸟相似，但尾较短，羽色亦较暗淡。

家燕筑巢和繁殖期在4—7月，是大自然的益鸟，主要以蚊、蝇等昆虫为主食，几个月就能吃掉25万只昆虫。

01

| 学名 | *Streptopelia chinensis* |
|------|--------------------------|
| 别称 | 鸪雕、鸪鸟等 |
| 分类 | 鸽形目，鸠鸽科 |

# 2. 珠颈斑鸠

留鸟。上体大都褐色，下体粉红色。颈部有一黑色羽带并有白色斑点。

尾略显长，外侧尾羽黑褐色，末端白色，飞翔时极明显。嘴暗褐色，脚紫红色。雌鸟羽色和雄鸟相似，但不如雄鸟辉亮、较少光泽。

通常 4—7 月用小树枝筑平台巢。主要以植物种子为食，有时也吃蝇蛆、蜗牛、昆虫等动物性食物。通常在天亮后离开栖息树到地上觅食。

| 学名 | *Nycticorax nycticorax* |
|------|------|
| 别称 | 星鸦、夜鹰等 |
| 分类 | 鹳形目，鹭科 |

# 3. 夜鹭

03

候鸟。颈背具两条白色丝状羽，下体白色。肩背黑蓝色且具金属光泽。

成鸟虹膜血红色，嘴黑色。幼鸟上体暗褐色，有白色星状斑，虹膜黄色，嘴先端黑色，基部黄绿色。

夜出性鸟类，喜结群，常成群于晨、昏和夜间活动。繁殖期为4—7月，通常营巢于各种高大的树上，主要以鱼、昆虫为食。

| 学名 | *Pycnonotus sinensis* |
|------|----------------------|
| 别称 | 白头翁、白头婆 |
| 分类 | 雀形目，鹎科 |

# 4. 白头鹎

留鸟。额至头顶黑色。两眼上方至后枕白色，形成一白色枕环。腹白色，背及两翼橄榄绿色。

白头鹎雌雄羽色相似，较难区分。幼鸟头灰褐、背橄榄褐色、腹部及尾下复羽灰白，易与成鸟区分。

繁殖期为4—8月，营巢于灌木或树上。群集于灌木和小树上活动，性活泼，善鸣叫。杂食性，吃大量的农林业害虫，是农林益鸟之一。

| 学名 | *Passer montanus* |
|------|-------------------|
| 别称 | 麻雀、家雀等 |
| 分类 | 雀形目，雀科 |

# 5. 树麻雀

留鸟。额、头顶至后颈栗褐色，头侧白色，耳部有一黑斑极为醒目。

雌鸟似雄体，但色彩较暗淡，额和颊羽具暗色先端，嘴基带黄色。幼鸟羽色较成鸟苍淡，两胁和尾下覆羽灰棕色。

繁殖期为 3—8 月。除繁殖期外，性喜成群，活泼而频繁地在地上奔跑，并发出叽叽喳喳的叫声。食性较杂，主要以谷粒、种子等植物为食。雏鸟则全以昆虫为食。

| 学名 | *Alcedo atthis* |
|------|------|
| 别称 | 钓鱼翁、金鸟仔等 |
| 分类 | 佛法僧目，翠鸟科 |

# 6. 普通翠鸟

　　留鸟。上体金属浅蓝绿色。头顶布满暗蓝绿色和艳翠蓝色细斑，橘黄色条带横贯眼部及耳羽。

　　喉部白色，胸部以下呈鲜明的栗棕色。体背灰翠蓝色，肩和翅暗绿蓝色。

　　繁殖期为4—7月，营巢于土崖壁上或堤坝上。单独或成对活动，常独栖在近水边的树枝或岩石上，捕鱼本领很强，食物以小鱼为主。

| 学名 | *Zosterops japonicus* |
|------|----------------------|
| 别称 | 绣眼儿、粉眼儿等 |
| 分类 | 雀形目，绣眼鸟科 |

# 7. 暗绿绣眼鸟

夏候鸟。4—5 月上海可见。上体为草绿或暗黄绿色。眼周有一白色眼圈极为醒目。

雌雄鸟羽色相似。下体白色。颏、喉和尾下覆羽淡黄色。是一种体型非常小的雀鸟。

繁殖期为 4—7 月，有的早在 3 月即开始营巢。巢筑于阔叶或针叶树及灌木上。迁徙季节和冬季喜欢成群活动。夏季主要以昆虫为食，冬季则以植物性食物为主。

07

| 学名 | *Sturnus cineraceus* |
|---|---|
| 别称 | 杜丽雀、高粱头等 |
| 分类 | 雀形目，椋鸟科 |

# 8. 灰椋鸟

冬候鸟。头顶至后颈黑色，额和头顶杂有白色。上体灰褐色。尾覆羽白色。嘴橙红色，尖端黑色。脚橙黄色。

雌鸟和雄鸟大致相似，但仅前额杂有白色，头顶至后颈黑褐色。上胸黑褐色具棕褐色羽干纹。

除繁殖期成对外，性喜成群活动。主要以昆虫为食，也吃少量植物果实与种子。

08

| 学名 | *Egretta garzetta* |
|------|------|
| 别称 | 雪客、白鹭鸶等 |
| 分类 | 鹳形目，鹭科 |

# 9. 白鹭

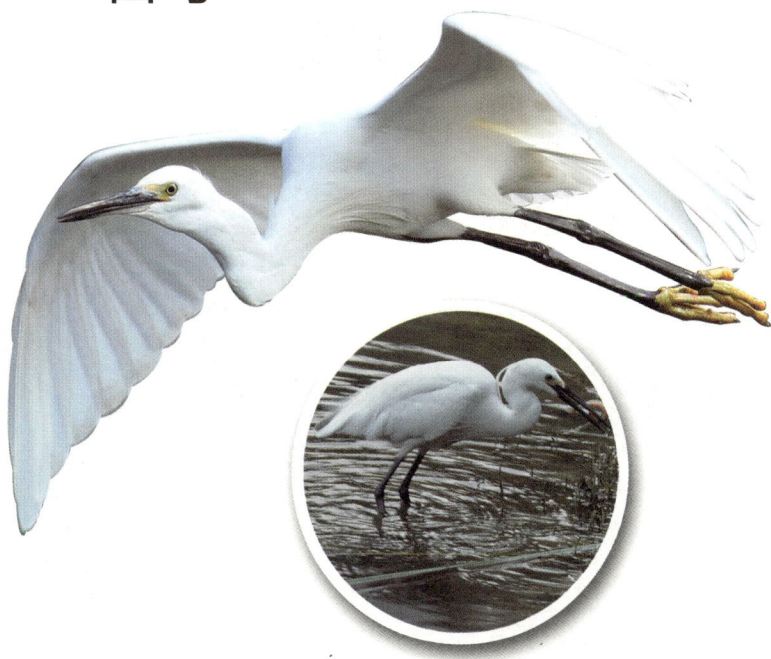

09

留鸟。体形纤瘦，全身白色。颈细长。繁殖期枕部着生两条长羽。背及胸具蓑状羽。

脚黑色，脚趾黄色。虹膜黄色。冬季枕部长羽和背及胸蓑状羽均消失。

繁殖期为3—9月，营群巢，巢营于树冠上部。主要以各种小鱼、昆虫等动物性食物为主。寻食时不结群，而以分散形式或单独在河滩、湖边窥视食物。夜晚飞回栖处时呈"V"字队形。

| 学名 | *Cyanopica cyanus* |
|------|---------------------|
| 别称 | 山喜鹊、蓝鹊等 |
| 分类 | 雀形目，鸦科 |

# 10. 灰喜鹊

留鸟。嘴、脚黑色。额至后颈黑色。背灰色。两翅和尾灰蓝色。

喉白，下体灰白色。尾长，呈凸状具白色端斑。幼鸟体色大多较暗、较褐，有较淡的羽缘。

繁殖期为5—7月，多营巢于林中。除繁殖期成对活动外，其他季节多成小群活动。杂食性，但以动物性食物为主，是中国著名的益鸟之一。

10

| 学名 | *Motacilla alba* |
|------|------------------|
| 别称 | 白颤儿、白面鸟等 |
| 分类 | 雀形目，鹡鸰科 |

# 11. 白鹡鸰

留鸟。胸黑色似黑色"肚兜"，其余下体白色。尾羽黑色，最外两对尾羽为白色。

虹膜黑褐色，嘴黑色。飞行时呈波浪式前进，停息时尾部不停上下摆动。

繁殖期为3—7月，筑巢于屋顶、洞穴、石缝等处。经常成对或结小群活动。主要以昆虫为食。

| 学名 | *Parus major* |
|------|---------------|
| 别称 | 灰山雀 |
| 分类 | 雀形目，山雀科 |

# 12. 大山雀

留鸟。翼上有一道醒目的白色条纹。胸部有一道黑色带沿胸中央而下。头部、喉部呈黑色，与脸侧白斑及颈背斑块成强对比。上体蓝灰色，背沾绿色。

雌鸟羽色和雄鸟相似，但体色较暗淡，缺少光泽，腹部黑色纵纹较细。

繁殖期为4—8月，多数在4—5月开始营巢。除繁殖期间成对活动外，其他季节多成小群活动。主要以昆虫为食。

12

| 学名 | *Asio otus* |
|---|---|
| 别称 | 夜猫子、猫头鹰等 |
| 分类 | 鸮形目，鸱鸮科 |

# 13. 长耳鸮

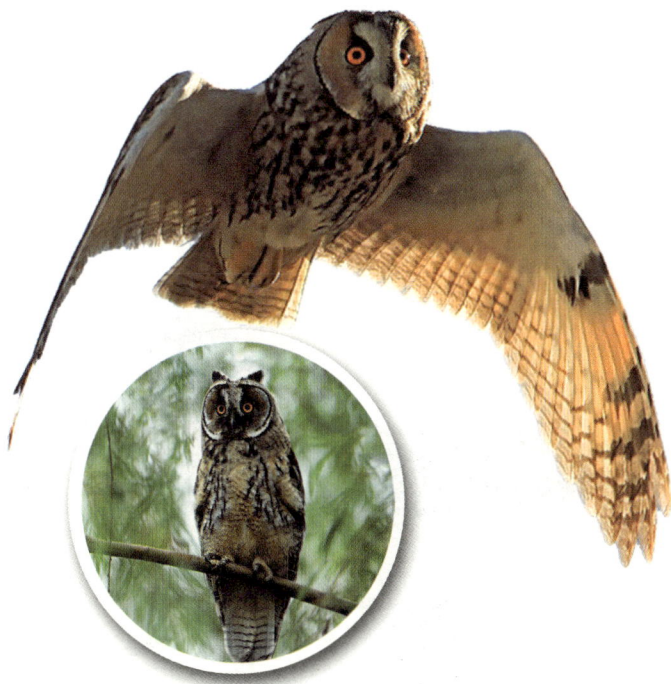

13

冬候鸟。11月至翌年3月上海可见。有长耳羽。体羽棕黄色，上体密布黑褐色粗羽干纹和虫蠹状细斑。下体皮黄色，具深色纵纹。

眼红黄色，显呆滞。面中央具明显白色"X"图形。爪黑色。

繁殖期为4—6月，通常利用乌鸦、喜鹊或其他猛禽的旧巢或营巢于树洞中。夜行性，平时多单独或成对，但迁徙期成群活动。主要以鼠类和昆虫为食。

| 学名 | *Hirundo daurica* |
|------|-------------------|
| 别称 | 赤腰燕 |
| 分类 | 雀形目，燕科 |

# 14. 金腰燕

夏候鸟。喙呈倒三角形。翅狭长而尖。尾呈叉状，形成"燕尾"。有一条栗黄色的腰带与深钢蓝色的上体形成对比。

下体白，多具黑色细纹。虹膜褐色。嘴及脚黑色。

繁殖期为4—9月，用泥丸混以草茎筑瓶状巢于建筑物隐蔽处。结小群活动，飞行时振翼较缓慢且比其他燕更喜高空翱翔。以昆虫为食。

14

| 学名 | *Garrulax canorus* |
|------|------|
| 别称 | 画眉鸟、中国画眉 |
| 分类 | 雀形目，画眉科 |

# 15. 画眉

15

　　留鸟。全身大部分棕褐色。头顶至上背具黑褐色纵纹。眼圈白色并向后延伸成狭窄的眉纹。

　　画眉鸟雌雄羽色相似，虹膜黄色，鸣声悦耳。

　　繁殖期为3—7月。一般营巢于山丘地面的灌丛、竹林、茂密草丛间。画眉在野外常常单独活动，有时亦结小群活动。杂食性，以昆虫为主，其中大部分是农林害虫。

| 学名 | *Cygnus columbianus* |
| --- | --- |
| 别称 | 短嘴天鹅、啸声天鹅等 |
| 分类 | 雁形目，鸭科 |

# 16. 小天鹅

冬候鸟。体羽洁白，头部稍带棕黄色。嘴端为黑色，基部两侧呈黄色，沿嘴缘但不延伸到鼻孔以下。脚和蹼黑色。

两性同色，雌体略小，幼鸟灰色或污白。虹膜为棕色，鸣声清脆。

8月末9月初离开繁殖地前往越冬地，翌年3月中下旬从越冬地迁往繁殖地。性喜集群，主要以水生植物的叶、根、茎和种子等为食。

| 学名 | *Cuculus canorus* |
|------|-------------------|
| 别称 | 喀咕 、布谷等 |
| 分类 | 鹃形目，杜鹃科 |

# 17. 大杜鹃

夏候鸟。头顶和后颈暗灰色。灰色头部与深灰色背部成对比。下体自下胸以后均白，杂以黑色横斑。

虹膜黄色，脚棕黄色。幼鸟头顶、后颈、背及翅黑褐色，各羽均具白色端缘，形成鳞状斑。鸣声为响亮的"布—谷—"声。

繁殖期为5—7月。无固定配偶，也不营巢和孵卵，由其他鸟类带孵带育。性孤独，常单独活动。杂食性，主食昆虫。

17

| 学名 | *Paradoxornis heudei* |
| --- | --- |
| 别称 | 一 |
| 分类 | 雀形目，鸦雀科 |

# 18. 震旦鸦雀

留鸟。黄色的嘴带有很大的嘴钩。黑色眉纹显著。翼上肩部浓黄褐色。腹白。

中央尾羽褐色，其余黑而羽端白。有狭窄的白色眼圈。虹膜红褐，嘴灰黄，脚粉黄色。

4月开始筑巢。夏季以昆虫为食，冬季也吃浆果。飞行能力很差，必须依赖芦苇荡的环境生存。群栖于芦苇地，喜食虫子。

震旦鸦雀因珍稀而特有被称为"鸟中熊猫"。

18

| 学名 | *Oriolus chinensis* |
|------|------|
| 别称 | 黄鹂、黄莺等 |
| 分类 | 雀形目，黄鹂科 |

# 19. 黑枕黄鹂

19

夏候鸟。过眼纹黑色，飞羽多为黑色。雄鸟头和上下体羽大都金黄色。下背呈绿黄色。翅黑色。

雌鸟羽色较暗淡，背面呈黄绿色。幼鸟下体具黑色纵纹。

繁殖期为 5—7 月。常营巢于阔叶林内高大乔木上。常单独或成对活动，有时也见 3～5 只的松散群。主要在高大乔木的树冠层活动，主食昆虫，是一种很有益的鸟类。

| 学名 | *Acridotheres cristatellus* |
|---|---|
| 别称 | 鸲鹆了哥、鹦鸲等 |
| 分类 | 雀形目，椋鸟科 |

# 20. 八哥

留鸟。通体黑色。嘴基上羽额耸立。头顶、颊、枕和耳羽具绿色金属光泽。飞行时两翅中央有明显呈八字形白斑。

下体灰黑色，初级飞羽具白斑，尾下覆羽黑而具白端。幼鸟额羽不发达，体羽颜色略呈咖啡色。

繁殖期为4—7月，巢无定所。性喜结群，善于效鸣，甚至能学人言，在我国是独有的观赏鸟之一。

| 学名 | *Lanius schach* |
|------|------|
| 别称 | 海南鹛、大红背伯劳等 |
| 分类 | 雀形目，伯劳科 |

# 21. 棕背伯劳

留鸟。背部棕色，腹部白色。头顶灰色，有粗黑的贯眼纹，上嘴具钩。翅黑具白斑。尾长且黑。

喙粗壮而侧扁，外侧尾羽皮黄褐色。颏、喉、胸白色。

繁殖期为4—7月。除繁殖期成对活动外，多单独活动。栖息于低山丘陵和山脚平原地区，树上筑碗状巢，善于捕食昆虫、鸟类及其他动物。

21

| 学名 | *Eophona migratoria* |
|------|------|
| 别称 | 蜡嘴、小桑嘴 |
| 分类 | 雀形目，燕雀科 |

# 22. 黑尾蜡嘴雀

旅鸟。嘴粗大、黄色。两翼近黑，初级飞羽、三级飞羽端部白色，臀黄褐。

雄鸟头黑色，背、肩灰褐色，两翅和尾黑色。雌鸟头、尾羽灰褐色，其余下体淡灰褐色。

繁殖期为5—7月，繁殖期间单独或成对活动，非繁殖期也成群。主要以种子、果实、嫩叶等植物性食物为食，也吃部分昆虫。

22

| 学名 | *Pica pica* |
|------|------|
| 别称 | 普通喜鹊、客鹊等 |
| 分类 | 雀形目，鸦科 |

# 23. 喜鹊

　　留鸟。头、颈、背至尾均为黑色，分别呈现紫色、绿蓝色、绿色等光泽。嘴、腿、脚纯黑色。腹面以胸为界，前黑后白。

　　雌鸟与雄鸟体色相似，但光泽不如雄鸟显著，下体乌黑或乌褐色，白色部分有时沾灰。

　　3月初即开始筑巢繁殖。常出没于人类活动区域。筑巢于高大乔木和大型电线杆。杂食性，繁殖期捕食昆虫、蛙等小型动物。

| 学名 | *Falco tinnunculus* |
|------|---------------------|
| 别称 | 黄鹰、红鹞子等 |
| 分类 | 隼形目，隼科 |

# 24. 红隼

留鸟。全年可见。整体栗红色。上体赤褐略具黑色横斑，下体皮黄而具黑色纵纹。

雄鸟头部、颈部蓝灰色。上体覆羽赤褐色，带黑色斑。雌鸟上体全褐色，背到尾上覆羽具黑褐色横斑，下体皮黄具黑色纵纹。

繁殖期为5—7月。平常喜欢单独活动，尤以傍晚时最为活跃。飞翔力强，喜逆风飞翔。以动物为食。

24

| 学名 | *Anas falcata* |
|------|----------------|
| 别称 | 扁头鸭、早鸭等 |
| 分类 | 雁形目，鸭科 |

# 25. 罗纹鸭

25

冬候鸟。雄性头部为带金属光泽的紫红色，颈羽为带金属光泽的绿色。特有镰刀状的三级飞羽拖在水中。雌性以深棕色和黑色为基色，尾羽略长而尖。

幼鸟似雌鸟，但皮多黄色，飞羽短而钝，肩羽仅具淡皮黄色羽缘。

繁殖期为5—7月。营巢于水域附近。主要以水藻等水生植物为食。

| 学名 | *Larus ridibundus* |
|------|------|
| 别称 | 笑鸥、钓鱼郎 |
| 分类 | 鸻形目，鸥科 |

# 26. 红嘴鸥

冬候鸟。嘴和脚呈红色，眼后有黑褐色斑，身体大部分羽毛呈白色，尾羽黑色。

冬季眼后具黑色点斑。繁殖期深巧克力褐色头罩。翼前缘白色，后缘黑色。

繁殖期为4—6月。常成小群在一起营巢。主要以鱼、虾、昆虫、水生植物和人类丢弃的食物残渣为食。

| 学名 | *Motacilla flava* |
| --- | --- |
| 别称 | — |
| 分类 | 雀形目，鹡鸰科 |

# 27. 黄鹡鸰

旅鸟。背橄榄绿色或橄榄褐色，下体黄色。腰灰色或橄榄褐色。虹膜褐色，嘴褐色，脚褐至黑色。

具白色、黄色或黄白色眉纹。飞羽黑褐色具两道黄白色横斑。尾黑褐色，最外侧两对尾羽大都白色。幼鸟较灰暗。

繁殖期为5—7月。巢呈碗状。喜在稻田、沼泽边缘及草地结成大群活动。主要以昆虫为食。

| 学名 | *Buteo buteo* |
|------|---------------|
| 别称 | 鸡母鹞 |
| 分类 | 隼形目，鹰科 |

# 28. 普通鵟

冬候鸟。上体主要为暗褐色，下体主要为暗褐色或淡褐色，具棕色纵纹。

尾淡灰褐色，具多道暗色横斑。飞翔时两翼宽阔，初级飞羽基部有明显的白斑，翼下白色，仅翼尖、翼角和飞羽外缘呈黑色或全为黑褐色，尾散开呈扇形。翱翔时两翅微向上举成浅"V"字形。

繁殖期为5—7月。通常营巢于林缘或森林中高大的树上，尤喜针叶树。主要以森林鼠类为食。

28

| 学名 | *Anas platyrhynchos* |
|------|----------------------|
| 别称 | 大绿头、大红腿鸭等 |
| 分类 | 雁形目，鸭科 |

# 29. 绿头鸭

29

　　冬候鸟。雄鸟上体暗灰褐色，下体灰白。白色的颈环分隔着带黑绿色金属光泽的头和栗色的胸部，中央尾羽形成小钩。雌鸟褐色斑驳，有深色的贯眼纹。尾羽不卷曲。

　　幼鸟似雌鸟，但喉较淡，下体白色，具黑褐色斑和纵纹。

　　繁殖期为4—6月。营巢于水域边。杂食性，主要以野生植物的叶、芽、种子等为食。

| 学名 | *Phoenicurus auroreus* |
|------|------------------------|
| 别称 | 灰顶茶鸲、红尾溜、火燕 |
| 分类 | 雀形目，鸫科 |

# 30. 北红尾鸲

　　冬候鸟。整体棕褐色。雄鸟头侧、喉、上背及翼黑褐色，翼上有白斑，下体棕色。中央一对尾羽黑色，最外侧一对尾羽外翈具黑褐色羽缘。雌鸟除棕色尾羽及白色翼斑外，其余部分灰褐色。中央尾羽暗褐色，外侧尾羽淡棕色。

　　繁殖期为4—7月。巢呈杯状。常单独或成对活动。主要以昆虫为食，其中约80%为农作物和树木害虫。

| 学名 | *Anas acuta* |
|------|------|
| 别称 | 尖尾鸭、长尾凫等 |
| 分类 | 雁形目，鸭科 |

# 31. 针尾鸭

　　冬候鸟。雄鸟头顶暗褐色。颈侧白色，呈一条白色纵带向下与腹部白色相连。中央尾羽特长，下体白色。雌鸟头为棕色。上体黑褐色，上背和两肩杂有棕白色 V 形斑。下背具灰白色横斑。翅上覆羽褐色，具白色端斑。

　　繁殖期为 4—7 月。营巢于水域边。性喜成群。主要以草籽和其他水生植物为食。

| 学名 | *Vanellus vanellus* |
|------|------|
| 别称 | 田凫 |
| 分类 | 鸻形目，鸻科 |

# 32. 凤头麦鸡

　　冬候鸟。头顶具细长而稍向前弯的黑色羽冠。眼下黑色。下胸和腹白色。翅形圆。尾形短圆。

　　雌鸟和雄鸟基本相似，但头部羽冠稍短，喉部常有白斑。冬羽淡黑色或皮黄色，羽冠黑色。颏、喉白色。幼鸟和成鸟冬羽相似，但冠羽较短，上体具皮黄色羽缘。

　　繁殖期为5—7月。多营巢于草地或沼泽草甸边的盐碱地上。常成群活动。食小型无脊椎动物、植物种子等。

32

| 学名 | *Aix galericulate* |
|------|--------------------|
| 别称 | — |
| 分类 | 雁形目，鸭科 |

# 33. 鸳鸯

冬候鸟。雄鸟嘴红色，脚橙黄色，羽色鲜艳而华丽，头后有铜赤、紫、绿等色羽冠，眼后有宽阔的白色眉纹，翅上有一对栗黄色扇状直立羽。雌鸟嘴黑色，脚橙黄色，头和整个上体灰褐色，眼周白色，其后连一细的白色眉纹。

繁殖期为4—5月。营巢于紧靠水边老龄树的天然树洞中。常成群活动。杂食性。

鸳鸯为中国著名的观赏鸟类。

| 学名 | *Tringa nebularia* |
|------|------|
| 别称 | — |
| 分类 | 鸻形目，鹬科 |

# 34. 青脚鹬

　　旅鸟。上体灰黑色，有黑色轴斑和白色羽缘。下体白色。前颈和胸部有黑色纵斑。嘴长而粗且略向上翘。腿长近绿色。

　　幼鸟具皮黄白色羽缘，下体白色。颈和胸具细的褐色纵纹，两胁具淡褐色横斑。

　　繁殖期为5—7月，以小鱼、虾、蟹、螺、水生昆虫和昆虫幼虫为食。

　　常单独或成对在水边浅水处觅食。

34

| 学名 | *Carduelis spinus* |
|------|---------------------|
| 别称 | 黄鸟、金雀等 |
| 分类 | 雀形目，雀科 |

# 35. 黄雀

35

冬候鸟。雄鸟头顶与额黑色，翼斑和尾基两侧鲜黄。雌鸟头顶与额无黑色，具浓重的灰绿色斑纹，下体暗淡黄，有浅黑色斑纹。

幼鸟与雌鸟相似，但色较褐而少黄色，因此腰、眉纹和颊侧淡皮黄色。上体条纹粗，下体多呈白色，具黑色点斑。翼斑带皮黄色。

繁殖期为3—7月。多在松树平枝上营巢。能啄食大量害虫和野生草籽，有益于农林。

| 学名 | *Anser fabalis* |
|------|------------------|
| 别称 | 大雁、麦鹅 |
| 分类 | 雁形目，鸭科 |

# 36. 豆雁

冬候鸟。上体灰褐色或棕褐色，下体污白色，嘴黑褐色具橘黄色带斑。有扁平的喙，边缘锯齿状，有助于过滤食物。

两胁具灰褐色横斑，尾上覆羽白色，脚橙黄色。

繁殖期为5—7月。常成对或成群在一起营群巢。飞行时双翼拍打用力，振翅频率高，排成有序的队列，有一字形、人字形等。以植物性食物为食。

| 学名 | *Alauda arvensis* |
|------|------|
| 别称 | 告天子、告天鸟等 |
| 分类 | 雀形目，百灵科 |

# 37. 云雀

冬候鸟。羽毛颜色像泥土，具灰褐色杂斑。顶冠及耸起的羽冠具细纹。脚肉色。

背部花褐色和浅黄色，胸腹部白色至深棕色。外尾羽白色，尾巴棕色。适应地栖生活，腿、脚强健有力。

繁殖期为4—8月。繁殖期雄鸟鸣叫洪亮动听，是鸣禽中少数能在飞行中歌唱的鸟类之一。常集群活动。以植物种子、昆虫等为食。

| 学名 | *Grus monacha* |
|------|----------------|
| 别称 | 锅鹤、玄鹤等 |
| 分类 | 鹤形目，鹤科 |

# 38. 白头鹤

冬候鸟。整体深灰色。颈白，前额黑色，中部裸区红色，飞羽黑色。次级和三级飞羽延长，弯曲成弓状，覆盖于尾羽上，羽枝松散，似毛发状。

颈长，喙长，腿长，翼圆短。幼鸟头、颈沾皮黄色。

繁殖期为5—7月。营巢于生长有稀疏落叶松和灌木的沼泽地上。主要以动物为食。

38

| 学名 | *Gallinula chloropus* |
|------|----------------------|
| 别称 | 江鸡、红骨顶等 |
| 分类 | 鹤形目，秧鸡科 |

# 39. 黑水鸡

39

留鸟。整体黑褐色，头具额甲，嘴基与额甲亮红色。嘴端黄色。

两胁具宽阔的白色纵纹，尾下覆羽白色，中间黑色，黑白分明。脚黄绿色，脚上部有一鲜红色环带，甚为醒目。虹膜红色。

繁殖期为4—7月。营巢于水边浅水处，多成对活动，善潜水。以水草、小鱼虾、水生昆虫等为食。

| 学名 | *Turdus merula* |
|---|---|
| 别称 | 百舌、中国黑鸫等 |
| 分类 | 雀形目，鸫科 |

# 40. 乌鸫

留鸟。雄鸟全身黑色，嘴橘黄色，眼圈黄色，脚黑色。雌鸟较雄鸟色淡，喉、胸有暗色纵纹，虹膜褐色。

幼鸟无黄色眼圈，但有一身褐色的羽毛和喙。

繁殖期为4—7月。巢大都营于乔木的枝梢上或树木主干分支处，筑碗状巢。常结小群在地面上奔跑。杂食性，食物包括昆虫、蚯蚓、种子和浆果。

| 学名 | *Platalea minor* |
|------|------------------|
| 别称 | 黑面琵鹭 |
| 分类 | 鹳形目，鹮科 |

# 41. 黑脸琵鹭

41

旅鸟。全身大体为白色，嘴长黑灰色，形似琵琶，面部裸区黑色，腿及脚黑色。繁殖羽颈背具马尾状饰羽，胸部浅黄。

雌雄羽色相似。冬羽与夏羽有别，冬羽纯白，羽冠较短；夏羽羽冠及胸羽染黄色。

繁殖期为3—4月。营巢在临水的高树上，巢像一个盘子。喜欢群居。杂食性。全球濒危珍稀鸟类。

| 学名 | *Glareola maldivarum* |
|------|------------------------|
| 别称 | 土燕子 |
| 分类 | 鸻形目，燕鸻科 |

# 42. 普通燕鸻

旅鸟。嘴短，基部较宽，尖端较窄而向下曲，翼尖长，尾黑色，呈叉状。

夏羽上体茶褐色，腰白色。喉乳黄色，外缘黑色。翼下覆羽棕红色。嘴黑色，基部红色。冬羽和夏羽相似，但嘴基无红色，喉斑淡褐色。

繁殖期为 5—7 月。常单独或成对活动，成群营巢。性喧闹，善走，头不停点动。飞行优雅似燕，于空中捕捉昆虫食之。

42

| 学名 | *Himantopus himantopus* |
|------|------------------------|
| 别称 | 红腿娘子、高跷鸻 |
| 分类 | 鸻形目，反嘴鹬科 |

# 43. 黑翅长脚鹬

43

　　旅鸟。身形高挑。嘴黑色细长如针状。两翼黑。腿红色，极长，如高跷。体羽白。颈背具黑色斑块。

　　雌鸟和雄鸟基本相似，但整个头、颈全为白色。上背、肩和三级飞羽褐色。幼鸟褐色较浓，头顶及颈背沾灰。

　　繁殖期为5—7月。常成群在一起营巢，巢呈碟状。主要以软体动物、昆虫幼虫、小鱼、甲壳类等动物性食物为食。

| 学名 | *Charadrius mongolus* |
|------|------------------------|
| 别称 | — |
| 分类 | 鸻形目，鸻科 |

# 44. 蒙古沙鸻

　　旅鸟。上体灰褐色，下体白色。嘴短而纤细。过眼纹黑色粗重。额白。繁殖羽胸部棕红色，上缘具黑条纹；非繁殖羽褐色。

　　幼鸟似非繁殖羽，但上体和翅下覆羽具沙皮黄色羽缘，胸斑也为皮黄色。

　　繁殖期为5—8月，巢多营于高山苔原带和水域边。生活环境多与湿地有关，离不开水。常单独活动，具有极强的飞行能力。

44

| 学名 | *Charadrius dubius* |
|------|---------------------|
| 别称 | 黑领鸻 |
| 分类 | 鸻形目，鸻科 |

# 45. 金眶鸻

旅鸟。上体沙褐色，下体白色。嘴短黑色。额及眉纹白色。眼周黑色，眼圈金黄色，故得名。

有明显的白色领圈，其下有明显的黑色或褐色领圈在胸前闭合。脚和趾橙黄色。

繁殖期为5—7月。巢多营于水边沙地或沙石地上。单个或成对活动。常栖息于湖泊沿岸、河滩或水稻田边。以昆虫为主食。

45

| 学名 | *Tringa stagnatilis* |
|------|------------------------|
| 别称 | — |
| 分类 | 鸻形目，鹬科 |

# 46. 泽鹬

旅鸟。额白，眉纹较浅。嘴黑色，基部绿灰色，纤细而长，直而尖。脚细长而偏绿。上体灰褐色，腰及下背白色，下体白色。尾羽上有黑褐色横斑。前颈和胸有黑褐色细纵纹。

冬羽前半部分淡灰褐色，具暗色纵纹和白色羽缘。幼鸟上体较褐，缀有皮黄色斑或羽缘。

繁殖期为5—7月。巢多营于水边。单独或成小群活动。主要栖息于河边或沼泽草地上，以动物性食物为食。

| 学名 | *Phalacrocorax carbo* |
|------|----------------------|
| 别称 | 鱼鹰、水老鸦 |
| 分类 | 鹈形目，鸬鹚科 |

# 47. 普通鸬鹚

47

冬候鸟。体羽黑色，并带紫色金属光泽。脸及喉白色。肩羽和大覆羽暗棕色，羽边黑色，呈鳞片状。嘴长锥状，先端具锐钩，适于啄鱼。生殖期胁下有大形白斑，头及颈密生白丝状羽。

幼鸟下体黑色，杂以白羽。眼淡绿色，嘴端褐色，下嘴基部灰白色。脚黑色。

繁殖期为5—7月，在近水的岩崖或树上营巢。善潜水捕鱼。

| 学名 | *Phylloscopus borealis* |
|---|---|
| 别称 | 柳串儿、绿豆雀等 |
| 分类 | 雀形目，鹟科 |

# 48. 极北柳莺

　　旅鸟。整体橄榄色，眉纹黄白色，长而明显。自鼻孔延伸至枕部的一条贯眼纹呈黑褐色，白色翼斑较浅。下体白色沾黄，两胁褐橄榄色。

　　尾羽黑褐色，内侧羽缘具狭窄的灰白色。虹膜暗褐色。嘴黑褐色，下嘴黄褐色。

　　营巢于地面上，呈球形。单只、成对或成小群活动。以昆虫类动物性食物为食。

48

| 学名 | *Upupa epops* |
|------|---------------|
| 别称 | 花蒲扇、山和尚等 |
| 分类 | 佛法僧目，戴胜科 |

# 49. 戴胜

49

留鸟。头顶具凤冠状羽冠，粉棕色具黑斑。头、上背、肩及下体粉棕，两翼及尾具黑白相间的条纹。嘴细长而下弯。

幼鸟上体色较苍淡，下体呈褐色。虹膜褐至红褐色。嘴黑色，基部呈淡铅紫色。脚铅黑色。

繁殖期为4—6月。在树洞内营巢繁殖。平时多单独或成对活动。栖息于林缘耕地处。以虫类为食。

| 学名 | *Phasianus colchicus* |
|------|----------------------|
| 别称 | 雉鸡、山鸡等 |
| 分类 | 鸡形目，雉科 |

# 50. 环颈雉

留鸟。雄鸟具耳羽簇。眼周裸皮鲜红色。颈圈白色，与金属绿色的颈部形成鲜明对比。尾褐色，长而尖。尾羽长而有横斑。

雌鸟的羽色暗淡，大都为褐和棕黄色，杂以黑斑。尾羽也较短，呈灰棕褐色。

繁殖期为3—7月，营巢于草丛或灌丛中。巢呈碗状或盘状。杂食性。善于奔跑，飞行快速而有力。

# 后　记

　　2006 年，我中心在普陀区教育局及基教科、教育学院的指导下，自主开发了"农耕文化系列教材"。2012 年 11 月，我们推荐的三本校本教材《农耕文化常识读本（画册）》《耕耘未来——社会实践活动 50 案例》（2009年少年儿童出版社出版）、《漫游农耕园》（2012 年少年儿童出版社出版），被全国青少年校外教育工作联席会议办公室评为"首届全国未成年人校外教育理论与实践研究优秀成果"一等奖，被教育部基础教育课程改革综合实践活动项目组评为"全国基础教育课程改革综合实践活动第十一届年会"课程资源一等奖。2014 年 10 月，我们又和中国农业博物馆合作，对《农耕文化常识读本》进行改版，由武汉大学出版社出版。

　　我们立足于校外教育的职能、户外营地的特质、学农基地的特点与学校学科知识相贯通，开发了本套书，作为我中心落实《上海市学生农村社会实践教育指导大纲（试行）》的新尝试。在我中心安亭基地的建设中，建设"以现代农业为主、传统农业为辅，以提升学生创新素养为目的"的田园学堂，我们秉承设计四大系列八大类别的课程体系。

　　本套书定名为《农田生物世界》，共 6 册，包括《蔬果篇》《园林篇》《草药篇》《昆虫篇》《鸟类篇》和《水生篇》，每册均列举了长江流域较为常见、学生在学科学习中有所接触的 50 种生物种类。

　　在该套书开发的过程中，我们不断地用严谨的科研态度来完善内容：

　　第一，着眼于"国际生物多样性日"活动，汲取了上海市科技艺术教育中心组织的植物认知、鸟类认知、昆虫认知等户外实践活动比赛的经验，结合本中心安亭基地的自然环境和教育特点，形成校本化的实践活动课程。

　　第二，编者一方面是出于对学生知识结构的考量，另一方面也是想尽可

51

能地做到校内外教育的通融，帮助学生将课堂中学到的符号化知识能够通过实践活动变为更为鲜活的生活体验。

第三，校外教育是教育的重要组成部分，要主动与学校教育对接，以科学、技术、工程、数学教育（即 STEM）综合运用学科知识的理念用于课程开发。虽然内容篇幅短小，但尽可能地融入了人文类知识，有助于调用学生已有的学科知识。

第四，我中心还组织编者、部分学校的骨干教师（黄宏等）和程序设计师共同开发了与本套书配套的网上田园学堂之"生物万花筒"软件，通过上海市青少年学生校外活动联席会议办公室"博雅网"对外共享。我们还将组织编者继续开发面向户外营地辅导员和学生的配套丛书的实践活动案例，提升本套书的使用效益。

本套书的编者除了我中心的部分辅导员之外，还有基层学校部分骨干教师和专业人士的热情参与，如新黄浦实验学校的金恺老师，曹杨中学的钱叶斐老师；草药篇则由上海雷允上药业西区公司顾问、副主任中药师师文道先生亲自执笔；后期实践活动的案例还邀请了部分基层学校教师（朱沪疆等）及校外教育机构教师（罗勇军等）参与撰稿。

本套书在编写中得到了华东师范大学周忠良、唐思贤、李宏庆和上海师范大学李利珍等教授的专业指导，他们还提供了部分有版权的珍贵照片。

在本套书即将付梓之际，谨向所有参与编撰工作的干部、教师，尤其是各位顾问与专家致以最诚挚的谢意！

由于时间仓促，且编者学识、水平有限，书中尚有不少疏漏和值得商榷之处，恳请读者批评指正。

上海市普陀区中小学社会实践服务中心

孙英俊　向宓

2015 年 2 月

# 参 考 文 献

[1]  郑作新.中国经济动物志：鸟类.北京：科学出版社，1993.

# 图片来源说明

53

本套教材图片经由本课题组与北京全景视觉网络科技有限公司上海分公司 (www.quanjing.com)、123RF 有限公司 (www.123rf.com.cn) 两家专业图片公司签约，所用图片主要由这两家公司授权使用。

此外，有部分图片由编者自行拍摄。但仍有个别图片从网上下载（目前无法联系到摄影者），请作者见此说明后致电出版社进行联系，我们将按照市场价格支付图片版权的使用费用。

以上文字解释权在本课题组。

《农田生物世界》课题组

2015 年 6 月

全国青少年校外教育活动指导教程丛书

# 农田生物世界

## 昆虫篇

张　晨◎编

WUHAN UNIVERSITY PRESS
武汉大学出版社

图书在版编目（CIP）数据

农田生物世界．昆虫篇／张晨编．—武汉：武汉大学出版社，
2015.6
全国青少年校外教育活动指导教程丛书
ISBN 978-7-307-15994-5

Ⅰ．农… Ⅱ．张… Ⅲ．① 生物—青少年读物 ② 昆虫—青少
年读物 Ⅳ．① Q-49 ② Q96-49

中国版本图书馆 CIP 数据核字（2015）第 118795 号

责任编辑：范文泉 孙 丽 责任校对：路亚妮 装帧设计：孙英俊 潘婷婷

出版发行：武汉大学出版社（430072 武昌 珞珈山）
（电子邮件：whu_publish@163.com 网址：www.stmpress.cn）
印刷：武汉市金港彩印有限公司
开本：880×1230 1/32 印张：1.875 字数：25 千字
版次：2015 年 6 月第 1 版 2015 年 6 月第 1 次印刷
ISBN 978-7-307-15994-5 定价：130.00 元（全套六册，精装）

# 序

　　进入 21 世纪，校外教育作为实施素质教育的重要阵地，发挥着日益重要的作用。青少年户外营地作为校外教育重要的组成部分，其规范化、专业化建设，尤其是实践活动课程建设成为其"转型驱动，创新发展"的重要原动力。

　　本套书的主创团队——上海市普陀区中小学社会实践服务中心的辅导员们立足于青少年户外营地的教育职能，在组织学生开展日常的农村社会实践活动过程中，敏锐地意识到充分利用学生接触大自然的优势，以营地的农田和植物园区作为学习的课堂，能带给学生全新的学习享受。

　　通过零距离接触书中提及的各种动植物，一草一木、一虫一鸟不仅能带给学生无穷的乐趣，而且能激发他们求知的动力，用多维的感觉加深对知识的理解，用感性的体验激发学习的兴趣，进而生动地理解环境对人类生存的重要性。

　　在我国漫长的农耕文化发展过程中，随着中华民族聪明的先民们生产力水平的不断提升，人们对自然环境的了解也在不断加深，对身边生物资源的了解更加深入，依赖也越显紧密。他们在逐步建立和完善以环境安全、生态保护为主要特征的农业生产方法的进程中，逐渐形成了"天人合一"的哲学思想。在全球环境问题日益突出的今天，本套教材内容贴合实践活动，通过在实践中的认识和尝试，对我们深刻理解十八大提出的"生态文明""美丽中国"有着重要的意义。

因此，本套书的开发，真正意义上是源自于学生在实践活动中的实际需求，贴近学生的发展、营地的特质及生态的教育。2013年，上海市普陀区中小学社会实践服务中心"农田生物世界"项目在上海市教委"上海市学生农村社会实践基地重点建设项目"评审中中标。作为项目成果，本套书以小学、初中、高中各年龄段的学生为主要读者对象，围绕"生物多样性"主题，涵盖植物、动物两类，既可以用于户外营地，也可以用于学校，乃至社区和家庭。

本套书是户外营地实践与学科知识的贯通、拓展与整合的成果。据悉，该中心还将开发相关的实践活动案例，以更好地指导营地辅导员和学生用好这套教材。

期待更多的校外教育工作者能基于自身工作特点，勇于开拓创新，为上海市校外教育的改革和发展，为学生的健康成长作出不懈努力。同时，也希望读者在阅读的过程中能提出宝贵的意见，进而不断完善丛书的内容。

上海市科技艺术教育中心

卢晓明

2015年2月

# 目　录

| 学名 | *Platycnemis foliacea* Selys |
|------|------|
| 别称 | — |
| 分类 | 蜻蜓目，扇螅科 |

# 1. 白扇螅

**形态特征**：半变态。雄虫胸部呈黑色，具黄色条带；翅透明；足呈白色，中后足胫节膨大呈白扇形；腹部呈黑色或褐色，具黄色条纹。

**生活习性**：雌虫把小卵块产入水生植物的水上部分。在静水的植物上能发现附着的稚虫。

**生境分布**：主要分布于北京、浙江、江西等地。常见于沼泽地、水池、湖泊以及慢速流动的溪水中。

**备注**：农业益虫。以孑孓、浮游生物为食。

| 学名 | *Pantala flavescens* |
|------|---------------------|
| 别称 | 小黄、马冷 |
| 分类 | 蜻蜓目，蜻科 |

# 2. 黄蜻

**形态特征**：半变态。成虫体长 32～40 毫米。身体赤黄至红色；头顶中央突起，顶端呈黄色，下方呈黑褐色，后头呈褐色。前胸呈黑褐色，前叶上方和背板有白斑；合胸背前方呈赤褐色，具细毛。翅透明，赤黄色；后翅臀域呈浅茶褐色。足呈黑色，腿节及前、中足胫节有黄色纹。腹部呈赤黄色，肛附器基部呈黑褐色，端部呈黑褐色。

**生活习性**：1～2 年完成 1 代。成虫产卵于水草茎叶上，孵化后生活于水中。若（稚）虫以水中的孵蝣生物及水生昆虫的幼龄虫体为食。成虫在空中捕捉蚊、蝇等小型昆虫。

**生境分布**：全国性分布。主要栖息在池塘、静水边。

**备注**：农业益虫。

| 学名 | *Sinictinogomphus clavatus* |
|---|---|
| 别称 | 细钩春蜓 |
| 分类 | 蜻蜓目，春蜓科 |

# 3. 大团扇春蜓

**形态特征：**半变态，属于大型蜻蜓。雄虫胸部呈黄色，有黑色细条斑；腹部呈黑色，背面及侧面具黄色斑，末端有一对扇片状的突起，其内侧为黄色；雌雄基本无差异，但雌虫腹部黄色斑较发达。

**生活习性：**稚虫生活在池塘、水沟之砂泥底。羽化期为 5 月下旬至 8 月下旬。

**生境分布：**主要分布于我国南方地区，常在湖泊、水塘等处出现。

**备注：**农业益虫。

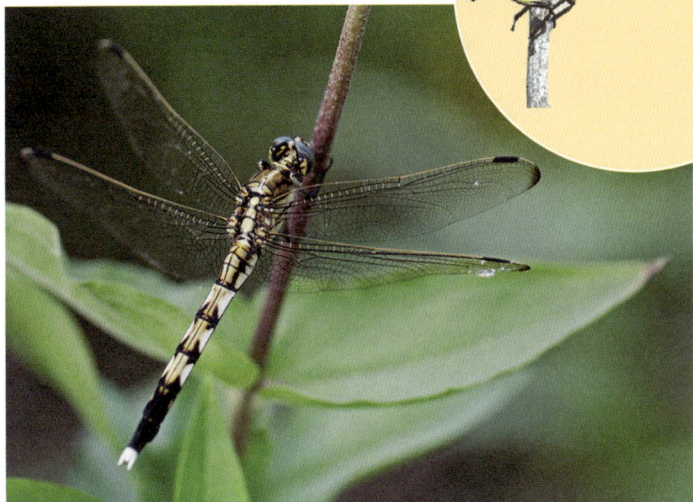

| 学名 | *Blattella asahinai* |
|------|------|
| 别称 | 蟑螂 |
| 分类 | 蜚蠊目，蜚蠊科 |

# 4. 黑胸大蠊

**形态特征**：渐变态。身体及足呈黑褐色，前翅呈红褐色，翅发达超过腹端；腿上的刺发达。行动迅速。

**生活习性**：黑胸大蠊生活周期与美洲大蠊相近，成虫的寿命一般在150～185天。白天多藏于隐蔽处。食性广，特别喜食香甜食品，如面包、饼干，以及其他有机物，如垃圾、泔水等。

**生境分布**：广布于我国各地。多栖于厨房碗柜、桌子抽屉的角落等处，在衣柜内也可发现。室外有时可见。

**备注**：黑胸大蠊会传播多种疾病，是重要的害虫之一。

| 学名 | *Coptotermes formosanus* |
|------|--------------------------|
| 别称 | 家白蚁 |
| 分类 | 等翅目，鼻白蚁科 |

# 5. 台湾乳白蚁

**形态特征：** 多型性昆虫，体软弱而扁，白色、淡黄色均有。头及触角浅黄色，头呈卵圆形，触角呈念珠状；腹部乳白色。根据生殖能力，分为有翅和无翅两种。

**生活习性：** 社会性昆虫，社会功能明确，分为蚁王、蚁后、工蚁、兵蚁等。白蚁食性很广，除了以植物的纤维素及其制品为主食外，还吃人造纤维、塑料、电线、电缆，甚至砖头、石块、金属等。

**生境分布：** 广布于我国黄河以南地区，常在树木、木制品中群居筑巢。

**备注：** 台湾乳白蚁是我国破坏房屋建筑最厉害的一种白蚁，还会危害林地、庭园、墓地等所用的木材。白蚁的提取物具有药用价值，对癌症有一定疗效。

05

| 学名 | *Hierodula patellifera* |
|------|------------------------|
| 别称 | 广腹螳 |
| 分类 | 螳螂目，螳科 |

# 6. 广斧螳

**形态特征：** 渐变态。体形大。体呈黄褐色、绿色或白色。头近三角形；前足似镰刀形，善于钩捕食物；基节具三个黄色突起；前翅各有一个白斑，腹部宽而短。

**生活习性：** 一年生1代。9月下旬开始产卵，一般夜间产卵，卵产在离地面1.7～2.3米的各种树上，卵鞘坚硬，长方形，外表似猪肝色，翌年5月中、下旬卵孵化。

**生境分布：** 主要分布于我国南方地区。

**备注：** 农业益虫，捕食旱地作物多种害虫、柑橘蚜虫等。

| 学名 | *Tenodera aridifolia* |
|------|------------------------|
| 别称 | — |
| 分类 | 螳螂目，螳科 |

# 7. 中华大刀螳

**形态特征：** 渐变态。大型品种。前翅膜质，前缘区较宽，绿色革质；后翅有不规则横脉，基部有黑色大斑纹。有褐色、绿色两种色型。

**生活习性：** 适应力极强，栖息于树木上，有保护色。肉食性，捕食小虫。

**生境分布：** 属于全国性品种，广布于南北各地。

**备注：** 农业益虫，是直翅目害虫的天敌。卵鞘俗称螵蛸，为有名的中药材。

中华大刀螳卵鞘

| 学名 | *Atractomorpha sinensis* |
|------|--------------------------|
| 别称 | 中华负蝗、尖头蚱蜢、小尖头蚱蜢 |
| 分类 | 直翅目，锥头蝗科 |

# 8. 短额负蝗

**形态特征**：渐变态。体绿色或枯草色。身体呈纺锤形，前后较细，触角呈剑状并且较短，颜面斜度大，与头形成锐角。体表有浅黄色瘤状突起。

**生活习性**：一年生 1 ～ 2 代。以卵在沟边土中越冬。5 月下旬至 6 月中旬为孵化盛期，7—8 月羽化为成虫。

**生境分布**：我国东部地区居多，喜栖于地被多、湿度大、双子叶植物茂密的环境，在灌渠两侧发生多。

**备注**：农业害虫，危害多种农作物、蔬菜及园林花卉植物。成虫、若虫食叶，影响植株生长。

| 学名 | *Mecopoda elongata* |
|------|------|
| 别称 | 筒管娘、络丝娘、纺织郎、络纬、莎鸡 |
| 分类 | 直翅目，纺织娘科 |

# 9. 纺织娘

**形态特征**：渐变态。头较小，其触须细长如丝状，黄褐色；体、翅褐色或绿色。昼伏夜出，黄昏开始鸣叫，叫声犹如纺车转动，因此得"络纬"之名。

**生活习性**：一年发1代，以卵越冬，雌虫将卵产在植物的嫩枝上，常造成这些嫩枝新梢枯死。植食性昆虫，喜食南瓜、丝瓜的花瓣。

**生境分布**：我国分布广泛，东南部沿海各省分布最多。喜欢栖息在凉爽阴暗的环境中。

**备注**：农业害虫。

| 学名 | *Velarifictorus micado* |
|------|------|
| 别称 | 蛐蛐、蝈蝈 |
| 分类 | 直翅目，蟋蟀科 |

# 10. 迷卡斗蟋

**形态特征**：渐变态。中等体型，体色黑褐。头圆，头顶漆黑具反光。雄性前翅摩擦发音；雌性翅短，没有发音器，尾部有矛状的产卵器。俗称"蛐蛐"，古称"促织"，上海方言称"财积"。

**生活习性**：食性较杂，雄性好斗，具极强的领地占有习性，鸣声清脆。

**生境分布**：蟋蟀的分布地域极广，几乎全国各地都有，黄河以南各省更多。喜欢栖息在土壤较为湿润的山坡、田野、乱石堆和草丛之中。

**备注**：危害植物根、茎、叶、种子和果实等，多于夜间取食，咬食植物近地面的柔嫩部分，造成缺苗，是农业害虫。因为好斗经常作民间斗蟋蟀用。

| 学名 | *Oxya chinensis* |
|------|------------------|
| 别称 | 水稻中华稻蝗 |
| 分类 | 直翅目，蝗科 |

# 11. 中华稻蝗

**形态特征：**渐变态。体长约4厘米，体色黄、褐、绿均有。左右各侧有暗褐色纵纹，从复眼向后直到前胸背板的后缘。体分头、胸、腹三体部。翅长超过后足腿节末端。

**生活习性：**活跃于夏秋两季。植食性，以稻叶、稻茎、谷粒为食。常选择低湿、有草丛、向阳、土质较松的田间草地或田埂等处造卵囊产卵，或直接产卵于稻叶上。

**生境分布：**全国分布，尤其在南方十分常见。多栖息在各种植物的茎叶上。

**备注：**农业害虫。主食禾本科植物，危害水稻、玉米、高粱、小麦、甘蔗、菱白等。

11

| 学名 | *Cryptotympana atrata* Fabricius |
|------|------|
| 别称 | 蚱蝉 |
| 分类 | 半翅目，蝉科 |

# 12. 黑蚱蝉

**形态特征**：渐变态。体长 4 厘米左右，黑色有光泽，局部密生金色绒毛。刺吸式口器。雄性的腹部有发音器；雌虫无发音器，产卵管呈长矛形。俗称"知了"，上海话称"桠乌子"。

**生活习性**：2～3 年生 1 代，以若虫在土壤中或以卵在寄住枝干内越冬。老熟若虫在雨后傍晚钻出地面，爬到树干及植物茎秆上脱皮羽化。成虫栖息在树干上，夏季不停地鸣叫，8 月为产卵盛期。

**生境分布**：我国南方地区皆有分布，上海较为常见。

**备注**：农业害虫。寄宿于多种农作物上，若虫在土壤中刺吸植物根部，成虫刺吸枝干，产卵造成植物枝干枯死。

| 学名 | *Cosmoscarta heros* |
|------|------|
| 别称 | — |
| 分类 | 半翅目，沫蝉科 |

# 13. 东方丽沫蝉

**形态特征**：渐变态。头及前胸背板呈紫黑色，具光泽；复眼呈灰色，单眼呈浅黄色。触角基节呈褐黄色，喙呈橘黄色、橘红色或血红色。小盾片呈橘黄色，前翅呈黑色，翅基或翅端部网状脉纹区之前各有 1 条橘黄色横带。其中，翅基的一条极阔，近三角形；翅端之前的 1 条较窄，呈波状。

**生活习性**：会将卵产在土壤内或土壤上，以植物汁液为食。

**生境分布**：我国大部分地区都有分布，特别是较温暖的地区。常见于灌木、树木和草本植物上。

13

| 学名 | *Geisha distinctissima* |
|------|------|
| 别称 | 碧蜡蝉、黄翅羽衣 |
| 分类 | 半翅目，蛾蜡蝉科 |

# 14. 碧蛾蜡蝉

**形态特征**：渐变态。体呈黄绿色，顶短，向前略突；有中脊，侧缘脊状带褐色。停息时，体背面呈屋脊状。腹末呈截形，绿色，全身覆以白色棉絮状蜡粉，腹尾附白色长绵状蜡丝。

**生活习性**：大部分地区一年生1代，以卵在枯枝中越冬。第二年5月上、中旬孵化，7—8月若虫老熟，羽化为成虫，至9月受精雌成虫产卵于小枯枝表面和木质部。成虫无趋光性，飞力弱。成虫和若虫活泼善跳，喜阴湿，怕阳光，在叶背刺吸。

**生境分布**：主要分布在我国南方地区。

**备注**：农业害虫。成虫、若虫刺吸寄主植物枝、茎、叶的汁液，严重时枝、茎和叶上布满白色蜡质，致使树势衰弱，造成落花。

14

| 学名 | *Ceroplastes japonicas* |
|---|---|
| 别称 | 日本蜡蚧、枣龟蜡蚧、龟蜡蚧 |
| 分类 | 半翅目，蜡蚧科 |

# 15. 日本龟蜡蚧

**形态特征**：渐变态。雌虫无翅，足和触角均退化；雄虫有一对柔翅，足和触角发达，无口器。体外被有蜡质蚧壳。

**生活习性**：一年生1代，以树木汁液为食。可进行孤雌生殖。

**生境分布**：除西藏、新疆外我国大部分省、市都有分布。

**备注**：农业害虫。刺吸树木汁液，排泄的蜜露常诱致煤污病。

| 学名 | *Aphis nerii* |
|------|------|
| 别称 | — |
| 分类 | 半翅目，蚜科 |

# 16. 夹竹桃蚜

**形态特征：** 渐变态。成虫体长 1～4 毫米。口器刺吸式。分两种形态，无翅孤雌蚜呈卵圆形，体呈黄色，第八腹节有明显斑纹，体表有明显网纹；有翅孤雌蚜体型较小，头胸呈黑色。

**生活习性：** 一年生 20 余代。以 5—6 月间蚜虫发生数量最大，为繁殖盛期。常以成若蚜在顶梢、嫩叶及芽腋隙缝处越冬。当气温高时，蚜虫多密集生活在庇荫处。

**生境分布：** 主要分布于中国南方，群集于嫩叶、嫩梢上吸食汁液。

**备注：** 夹竹桃为其主要危害对象，它们会吸食夹竹桃的汁液。虫体排泄物不仅招来很多共生的蚂蚁，还会诱发煤污病。

| 学名 | *Aquarius elongatus* |
|------|------|
| 别称 | 水马、水蜘蛛、水母鸡、水板凳、水蚊子、水蜢子、火叉子 |
| 分类 | 半翅目，黾蝽科 |

# 17. 水黾

**形态特征**：渐变态。体细长，长 22 毫米左右，体黑褐色。头胸部被短金黄色绒毛；背面多为暗色而无光泽，无鲜明的花斑。身体腹面覆有一层极为细密的银白色短毛，外观呈银白色丝绒状，具有拒水作用。前足短，中后足细长，末端特化，能利用水的表面张力稳稳地站立在水面上。

**生活习性**：水黾终生生活于水面上，以掉落在水上的昆虫、虫尸或其他动物碎片等为食。

**生境分布**：主要分布于我国南方地区。栖居环境包括湖泊、池塘等静水水面以及溪流等流动的水面。

**备注**：有"水面清道夫"的称号。

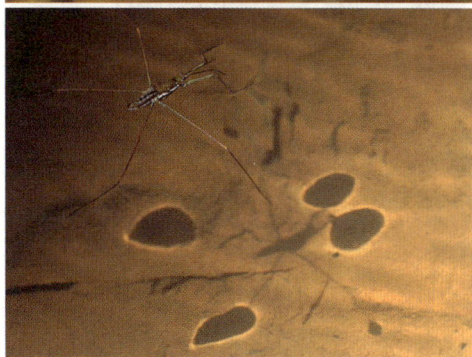

17

| 学名 | *Eurydema dominulus* |
|------|------|
| 别称 | 河北菜蝽 |
| 分类 | 半翅目，蝽科 |

# 18. 菜蝽

**形态特征：**渐变态。体长6～9毫米，体色橙红或橙黄，有黑色斑纹。头部黑色，侧缘上卷，橙色或橙红。前胸背板上有6个大黑斑，略成两排，小盾片橙红色部分成"Y"字形，交会处缢缩。足黄、黑相间。腹部腹面黄白色。

**生活习性：**浙江及长江中下游地区一年生2～3代。全年以5—9月为其主要活跃期。喜光，趋嫩。成虫有假死性。

**生境分布：**国内除少数省、自治区外，均有分布。多栖息在植株顶端嫩叶或顶尖上。

**备注：**成虫和若虫为害甘蓝、花椰菜、白菜、萝卜、油菜、芥菜等十字花科蔬菜。此外，还会传播软腐病。

| 学名 | *Hyperonous lateritius* |
|---|---|
| 别称 | 一 |
| 分类 | 半翅目，盾蝽科 |

# 19. 半球盾蝽

**形态特征**：渐变态。体长10毫米左右；身体呈褐色，半球形，有金属光泽，外观形似瓢虫；前胸背板呈褐色，有4～5个圆斑；小盾片呈褐色，伸达腹部末端，上有13个大小不等的圆形黑斑。盾蝽有一副防身的盾甲，当两片革质鞘翅并拢起来时，把身体包裹得十分严实，无缝隙。

**生活习性**：圆形的卵成片产并黏着在植物上。成虫和若虫均吸食汁液，有时成群取食。

19

**生境分布**：我国浙江、福建、重庆、四川、贵州、广东、广西、云南、西藏等地皆有分布。常见于植被上。

**备注**：农业害虫。危害龙眼、荔枝、桑树、黄荆。

| 学名 | *Chrysopa septempunctata* |
| --- | --- |
| 别称 | — |
| 分类 | 脉翅目，草蛉科 |

# 20. 大草蛉

**形态特征**：全变态。体细长，绿色。有着似花边的复杂网状翅脉。触角呈长丝状，复眼有金色闪光。卵黄色，有丝状长柄，称"优昙华"。

**生活习性**：大草蛉捕捉蚜虫等软体昆虫并吸食其液体，幼虫连续取食两周后，在叶背面织一珠形的丝茧以化蛹，在成虫破蛹而出前有将近两周的蛹期。它能发出一种臭味保护自己。

**生境分布**：我国南北各地均有分布，常见于草丛和灌木附近。

**备注**：捕食性昆虫，可用人工饲养并大量繁殖，可防治棉铃虫、蚜虫等农业害虫。

| 学名 | *Cicindela chinesis* |
|------|----------------------|
| 别称 | 拦路虎、引路虫 |
| 分类 | 鞘翅目，虎甲科 |

# 21. 中华虎甲

**形态特征**：全变态。体呈金绿色和赤铜色，身体各部位有强烈的金属光泽。头宽大，复眼突出。有三对细长的胸足，行动敏捷而灵活，是世界上爬行最快的昆虫之一。

**生活习性**：肉食性。幼虫生活在成虫挖掘的垂直形土穴中，活动时若受惊则退入洞内。成虫飞翔能力强，常在山涧小路上与行人贴面飞行，故得名"拦路虎"。

**生境分布**：主要分布于我国黄河以南的山林地区。

**备注**：以捕食活虫及其他小型动物为生，是许多昆虫的天敌。

21

| 学名 | *Mesotapus tarandus* |
|------|------|
| 别称 | — |
| 分类 | 鞘翅目，锹甲科 |

# 22. 巨锯锹甲

**形态特征：**全变态。体形较扁，黑色，具有发达的上颚，大型个体上颚长，末端尖而内弯，内缘近基部和近末端各有 1 个大齿，2 个大齿之间有许多小锯齿。

**生活习性：**雌虫把卵产在腐朽的树桩、根部或者原木上，甲幼虫要经数年完成其发育。幼虫在一个由被咀嚼过的木纤维筑成的小室内化蛹。成虫多夜出活动，有趋光性。

**生境分布：**我国多地都有分布，多见于落叶林地和森林。

**备注：**好斗，常作为宠物饲养。

▲ 雄性

◀ 雌性

| 学名 | *Geotrupidae* |
|------|------|
| 别称 | 屎壳郎、推丸、推车客、黑妞儿、铁甲将军、夜游将军 |
| 分类 | 鞘翅目，粪金龟科 |

# 23. 蜣螂

**形态特征**：全变态。全体黑色，稍带光泽。雄虫体长 3.3～3.8 厘米，雌虫略小。雄虫头顶有一长而弯曲的角状突。

**生活习性**：主要以动物粪便为食，卵产于粪球上，幼虫在孵化室，以粪球为食物来源。蜣螂能利用月光偏振现象进行定位，以帮助取食。有一定的趋光性。

**生境分布**：全国各地都有分布。

**备注**：喜食粪便，因此有"自然界清道夫"的称号，在生物链中扮演着不可或缺的角色。

23

| 学名 | *Allomyrina dichotoma* |
|------|------------------------|
| 别称 | 独角仙、兜虫 |
| 分类 | 鞘翅目，金龟子科 |

# 24. 双叉犀金龟

**形态特征**：全变态。体大而威武。不包括头上的犄角，体长约 60 毫米，长椭圆形，体呈栗褐到深棕褐色，头部较小；雌雄异型。

**生活习性**：主要以树木伤口处的汁液或熟透的水果为食。夜出昼伏，有一定趋光性。

**生境分布**：全国广布，在林业发达、树木茂盛的地区尤为常见。

**备注**：既是益虫又是害虫。数量过多则会对树木造成严重的侵害。属于常见的观赏宠物，也有很高的药用价值。幼虫称为鸡母虫【蛴螬】。

24

▲ 雄性

◀ 雌性

| 学名 | *Campsosternus gemma* |
|------|----------------------|
| 别称 | — |
| 分类 | 鞘翅目，叩甲科 |

# 25. 朱肩丽叩甲

**形态特征：**全变态。全身光亮，无毛，椭圆形，铜绿色，前胸背板两侧与绿腹丽叩极相似，但腹部腹面侧缘呈红色，头顶凹陷，两侧高凸，鞘翅等宽于前胸，自中部向后逐渐变狭，侧缘上卷，端部锐尖。

**生活习性：**卵产于土壤和植物材料中。幼虫发育要经数年时间。

**生境分布：**主要分布于我国江苏、安徽、湖北、浙江、江西、湖南、福建、重庆、四川、贵州等省及台湾地区。常见于苦楝、木梨等植物上。

**备注：**国家三级保护动物。

25

| 学名 | *Luciola chinensis* L |
|------|------------------------|
| 别称 | 火焰虫、萤火虫 |
| 分类 | 鞘翅目，萤科 |

# 26. 中华黄萤

**形态特征**：全变态。身体长而扁平，体壁与鞘翅柔软，前胸背板平坦，常盖住头部；头狭小，眼呈半圆球形；腹部末端有发光器，能发黄绿色光，成、幼虫均能发光。

**生活习性**：肉食性，捕食蜗牛、蛞蝓等软体动物和蚯蚓等环节动物。

**生境分布**：我国多地均有分布。喜欢生活在水边或湿润的环境中，夜间活动。

**备注**：中华黄萤可作为照明光源，有成语"囊萤夜读"。

| 学名 | *Coccinella septempunctata* |
|------|------|
| 别称 | 金龟、新媳妇、花大姐 |
| 分类 | 鞘翅目，瓢虫科 |

# 27. 七星瓢虫

**形态特征**：全变态。身体呈半球形，有光泽；头黑色，额与复眼相连的边缘上各有一淡黄色斑；翅鞘呈红色，左右两侧各有 3 个黑点，接合处前方有一个更大的黑点；鞘翅基部靠小盾片两侧各有 1 个小三角形白斑。

**生活习性**：一年生多代。以成虫过冬，次年 4 月出蛰。产卵于有蚜虫的植物寄主上。成虫和幼虫均以多种蚜虫、木虱等为食。

**生境分布**：我国多地都有分布，常见于农田、森林、园林、果园等处。

**备注**：益虫，以多种农作物害虫为食。

| 学名 | *Apriona germari(Hope)* |
|------|-------------------------|
| 别称 | 褐天牛、粒肩天牛、铁炮虫 |
| 分类 | 鞘翅目，天牛科 |

# 28. 桑天牛

**形态特征**：全变态。体黑褐色，密生暗黄色细绒毛，触角呈鞭状，肩角有黑刺一个，鞘翅基部密布黑色光亮的颗粒状突起，占全翅长的 1/4 ～ 1/3。

**生活习性**：北方 2 ～ 3 年生 1 代，以幼虫或即将孵化的卵在枝干内越冬，并在蛀道内蛹化。成虫喜食构树、无花果、苹果等的嫩枝皮。

**生境分布**：我国各地均有分布。

**备注**：农业害虫，成虫食害嫩枝皮和叶；幼虫于枝干的皮下和木质部内，向下蛀食，并排出大量粪屑，削弱树势，重者枯死。

| 学名 | *Chrysomela populi* |
|------|----------------------|
| 别称 | 杨金花虫、赤杨金花虫、小叶杨金花虫 |
| 分类 | 鞘翅目，叶甲科 |

# 29. 杨叶甲

**形态特征：** 全变态。近椭圆形，背面隆起，体呈蓝黑色或黑色，鞘翅呈红色或褐色，具光泽；头小，触角 11 节，丝状，6 节后渐膨大呈棒状。

**生活习性：** 一年生 2 代。成虫于干枯叶、泥土或石缝中过冬。产卵于叶片上，黄色并呈堆状；幼虫咀食嫩叶，仅残留叶脉。有群栖习性，在枝、叶上倒悬化蛹。

**生境分布：** 主要分布在我国西北地区。

**备注：** 杨叶甲是杨柳科植物的重要害虫。

| 学名 | *Paederus fuscipes* |
|------|---------------------|
| 别称 | 青腰虫 |
| 分类 | 鞘翅目，隐翅虫科 |

# 30. 梭毒隐翅虫

**形态特征**：全变态。头部，腹末端两节均为黑色，胸部及腹部第 1～4 节呈红色，足呈黄褐色，前足腿节端部和中后足腿节的端部近乎一半，以及小盾片均为黑色。

**生活习性**：有卵、幼虫（两龄）、蛹和成虫4期。卵通常产在土壤、真菌和落叶内。多数幼虫捕食昆虫或其他节肢动物，并常常与成虫生活在相同的地方。

**生境分布**：主要分布于我国南方地区。夏秋季比较集中。

**备注**：体液有毒，触及人体皮肤可导致皮炎，夏季多发。

| 学名 | *Sitophilus oryzae* |
| --- | --- |
| 别称 | 蛘子、牛子 |
| 分类 | 鞘翅目，象鼻虫科 |

# 31. 米象

**形态特征：**全变态。体形很小，圆卵形。头小，口吻细长如象鼻，雌虫的口吻较细长，稍向下弯曲，有光泽；雄虫口吻较粗短，不弯曲，吻背有纵向隆起线及明显小刻点，无光泽。触角呈膝状，前端如棒状，前胸较头部宽大。

**生活习性：**米象喜食谷粒，并在谷物内产卵。在代谢中产生水，一生不"饮水"；喜煤气味，会钻入煤气灶出气口结网；低温时进入假死状态，恢复正常体温后恢复活动。

**生境分布：**广布于全世界，我国主要分布在南方。

**备注：**害虫，主要危害贮存 2～3 年的陈粮。成虫啃食，幼虫蛀食谷粒。

31

| 学名 | *Aedes albopictus* |
|------|------|
| 别称 | 黑白蚊子、花蚊子 |
| 分类 | 双翅目，蚊科 |

# 32. 白纹伊蚊

**形态特征**：全变态。身体纤细，体表有鳞片，有银白色斑纹，在中胸盾片上有一正中白色纵纹，后跗末节全白，腹部背面 2～6 节有基白带。刺吸式口器，前翅狭长，后翅退化成平衡棒。

**生活习性**：卵产于水面上。幼虫叫孑孓，为腐食性。雌蚊吸食脊椎动物的血液和植物的汁液、花蜜；雄蚊只取食植物的汁液、花蜜。生活周期通常少于三周。

**生境分布**：主要分布在温暖的地区，夏秋季是蚊子的主要活动季节。滋生于人工容器内，如各类缸、罐、坛、盆、瓶、轮胎等的雨后积水中。

**备注**：重要的害虫之一。雌蚊会吸食血液并传播登革热、乙型脑炎等疾病。

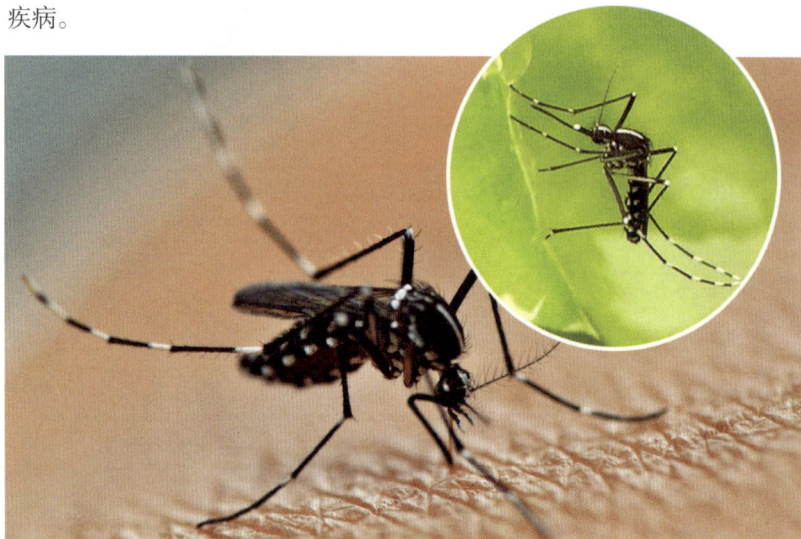

| 学名 | *Episyrphus balteatus* |
|------|------------------------|
| 别称 | — |
| 分类 | 双翅目，食蚜蝇科 |

# 33. 黑纹食蚜蝇

**形态特征**：全变态。成虫体小型到大型。体宽或纤细，体色常具黄、橙、灰白等鲜艳色彩的斑纹，外观似蜂，有明显的拟态现象。头部大，雄性眼合生，雌性眼离生。

**生活习性**：喜阳光。成虫经常群集于植物上，采集花粉和花蜜。成虫羽化后必须取食花粉才能发育繁殖，否则卵巢不能发育。

**生境分布**：全国性分布，南方地区比较多见，常飞翔于灌木、花丛中。

**备注**：益虫，幼虫以蚜虫为食。

| 学名 | *Lucilia sericata* |
|------|--------------------|
| 别称 | 绿豆蝇 |
| 分类 | 双翅目，丽蝇科 |

# 34. 丝光绿蝇

**形态特征**：全变态。具有金绿色的金属光泽；触角芒短，黑褐色，两侧有羽状分枝，胸部背板横缝的后方有 3 对中鬃。胸部小毛较长密；后胸基腹片具纤毛。

**生活习性**：丝光绿蝇成虫活动范围极广，常出入人群聚居之处，为半住区性蝇种。幼虫尸食性，主要滋生于腥臭腐败的尸体、鱼、虾、垃圾等处，也能在猪粪及动物饲料内繁殖。成虫对腥臭的鱼肉最敏感。丝光绿蝇繁殖期很长，雌蝇喜欢在脓疮、伤口、腐败的动物尸体等处产卵。

**生境分布**：属于中国广布种，有很强的适应能力，在住区附近和野外都可见到。

**备注**：丝光绿蝇会传播肠道传染病，同时可引起伤口组织性蝇蛆病。

| 学名 | *Drosophila melanogaster* |
|------|---------------------------|
| 别称 | 黑尾果蝇 |
| 分类 | 双翅目，果蝇科 |

# 35. 果蝇

**形态特征**：全变态。体形较小，主要特征是具有硕大的红色复眼。胸部和腹部有条纹或斑点。雄性腹部有黑斑，前肢有性梳，雌性没有。雌性体长 2.5 毫米，雄性较之还要小。雄性有深色后肢，可以此来与雌性作区别。

**生活习性**：雌蝇一次可产几百颗卵，喜欢产在其食物内或附近。经过三个幼虫发育阶段和四天的蛹期，在 25℃下过一天，就会发育为成虫。喜好腐烂的水果以及发酵的果汁。

**生境分布**：原产于热带或亚热带。现为世界性分布，在人类的居室内过冬。

**备注**：著名的实验动物。作为一种常见的模式生物，大量被用于遗传学和发育生物学的研究。

| 学名 | *Musca domestica* |
|------|-------------------|
| 别称 | 苍蝇 |
| 分类 | 双翅目，蝇科 |

# 36. 家蝇

**形态特征**：全变态。体色为灰黑色，没有其他明显的斑纹或色彩，复眼呈红褐色，胸背有四条纵纹；复眼显著，口器不能叮咬，只能舐吸，足上带有大量病菌。

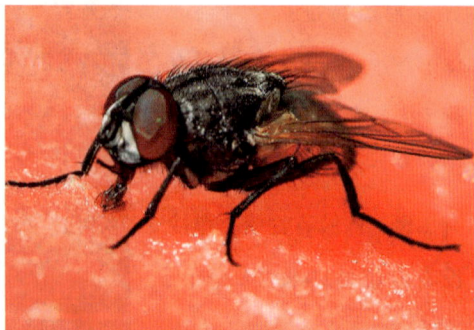

**生活习性**：家蝇会将大量的卵产在排泄物、腐烂物、真菌、鸟巢、水或植物内。幼虫（蛆）生长速度快，到化蛹仅用一周左右的时间。喜欢在有腐烂有机物的地方聚集。

**生境分布**：世界性分布，环境适应能力极强。

**备注**：家蝇是影响极严重的环境卫生害虫，会携带多种传染病，包括伤寒和霍乱。

36

| 学名 | *Tabanus atratus* |
|------|-------------------|
| 别称 | — |
| 分类 | 双翅目，虻科 |

# 37. 牛虻

**形态特征**：全变态。身体强壮而有软毛，头大，半球形，或略带三角形。复眼很大，某些雄虫为接眼式或离眼式，有华美的色彩和斑纹。触角有长有短，多向前伸出，基部二节分明。腹部宽阔，有亮丽的条带和斑纹。雌虫口器锋利如刀片，以切割皮肤。

**生活习性**：卵产于土壤和腐烂的木料内。幼虫典型生活在池塘和水流附近的潮湿土壤或泥浆内。成虫取食花粉和花蜜，雌虫还吸取哺乳动物和鸟类的血液。成虫白天活动，以午时为活动高峰。

**生境分布**：全国性分布，以广西、四川、浙江、江苏、湖北、山西、河南、辽宁等居多。善飞翔。池边、水旁常见。

**备注**：害虫，吸食牲畜血液，会传播疾病感染动物和人类。

37

| 学名 | *Pieris canidia* |
|---|---|
| 别称 | 菜青虫 |
| 分类 | 鳞翅目，粉蝶科 |

# 38. 东方菜粉蝶

**形态特征**：全变态。身体呈灰黑色，翅呈白色，身披细密鳞粉；雌虫前翅顶角有1个大三角形黑斑，中室外侧有2个黑色圆斑，前后并列；后翅基部呈灰黑色，前缘有1个黑斑，翅展开时与前翅后方的黑斑相连接。

**生活习性**：繁殖能力强，一年生数代。以蛹越冬，成虫喜欢在白昼强光下飞翔，终日飞舞在花间吸蜜。

**生境分布**：全国各地皆有分布。

**备注**：农业害虫，幼虫以十字花科叶片为食。

38

| 学名 | *Bombycidae*（蚕幼虫：*Bombyx mori*） |
|------|------|
| 别称 | 原蚕蛾、晚蚕蛾 |
| 分类 | 鳞翅目，蚕蛾科 |

# 39. 蚕蛾

**形态特征**：全变态。成虫形状像蝴蝶，全身披着白色鳞毛，但由于两对翅较小，已失去飞翔能力。蚕蛾的头部呈小球状，长有鼓起的复眼和触角。雌蛾体大，爬动慢；雄蛾体小，爬动较快；幼虫叫桑蚕，体色青白或微红。下唇中央有一小孔，叫吐丝孔。

分为卵→蚕→蛹→化蛾四个阶段。经四次蜕皮后成熟，停止进食，吐丝作茧，在茧内化蛹。蛹羽化成蛾，破茧而出。

**生活习性**：寡食性昆虫，以桑叶为食料。蚕蛾（成虫）留下后代，不久之后便会死去。

蚕蛾展翅

蚕蛾幼虫

**生境分布**：主要分布在埃塞俄比亚区和东洋区。蚕蛾主要寄生在桑叶上。

**备注**：我国有很长的蚕蛾人工驯化史。桑蚕茧可缫丝，丝是珍贵的纺织原料；在军工、交电等方面也有广泛用途。蚕的蛹、蛾和粪也可以综合利用，是多种化工和医药工业的原料，也可以作为植物的养料。

39

| 学名 | *Aglaomorpha histrio* |
|------|------------------------|
| 别称 | — |
| 分类 | 鳞翅目，灯蛾科 |

# 40. 大丽灯蛾

**形态特征：** 全变态。头、胸、腹呈橙色，头顶中央有 1 个小黑斑，额、下唇须及触角呈黑色，颈板呈橙色，中间有 1 个闪光大黑斑。1 脉上方有 6 个大小不等的黄白斑，中室末有 1 个橙色斑点，中室外至 2 脉末端上方有 3 个斜置的黄白色大斑。

**生活习性：** 卵被产在寄主植物上或周围。取食植物范围广泛。幼虫体上毛很多，且多有毒素。白天喜访花，夜晚亦具趋光性。

**生境分布：** 主要分布在我国江苏、浙江、湖北、江西、湖南、福建、台湾、四川、云南等地。除了冬季外，成虫生活在低、中海拔山区。

40

| 学名 | *Mycalesis gotama* |
|---|---|
| 别称 | 黄褐蛇目蝶、日月蝶、蛇目蝶、短角眼蝶 |
| 分类 | 鳞翅目，眼蝶科 |

# 41. 稻眉眼蝶

**形态特征：**全变态。翅面呈暗褐至黑褐色，背面呈灰黄色；前翅正反面第 3、6 室各具 1 大 1 小的黑色蛇眼状圆斑，前小后大；后翅反面具 2 组各 3 个蛇眼圆斑。

**生活习性：**一年生多代，世代重叠，以蛹或末龄幼虫在稻田、河边、沟边及山间杂草上越冬。老熟幼虫经 1～3 天不食不动，便吐丝黏着叶背倒挂半空化蛹。

41

**生境分布：**主要分布于亚洲东、南部。中国河南、陕西以南、四川、云南以东各省区均有分布。

**备注：**农业害虫，幼虫沿叶缘危害叶片成不规则缺刻，影响水稻、茭白等的生长发育。

| 学名 | *Notocrypta curvifascia* |
|------|--------------------------|
| 别称 | 玉带凤蝶 |
| 分类 | 鳞翅目，弄蝶科 |

# 42. 黑弄蝶

**形态特征**：全变态。翅面呈黑色，斑纹和缘毛均为白色。前翅顶角处有 3 个斑纹，其下侧有 2 个极小的斑点，中域还有 5 个大小不等的白斑排列。

**生活习性**：黑弄蝶幼虫会切开部分寄主植物的叶片，卷起叶子，隐藏在内取食及化蛹。喜欢访花，吸食动物排遗。

**生境分布**：主要分布于包括台湾地区在内的中国大部分地区。在水边的湿地或旁边枝条上停歇。

| 学名 | *Polygonia c-aureum* |
|------|----------------------|
| 别称 | — |
| 分类 | 鳞翅目，蛱蝶科 |

# 43. 黄钩蛱蝶

**形态特征：**全变态。成虫翅呈黄色，翅展 48 毫米。具黑斑，前翅顶角呈钩状，翅缘凹凸分明；前翅中室内有三个黑斑；后翅腹面中域有一银白色"C"形图案；雌雄差异不大，雌蝶色泽略偏黄色，但雄蝶前足附节只有 1 节，而雌蝶有 5 节。幼虫体表布满枝刺，颜色非常漂亮。

**生活习性：**以花蜜和花粉为主食。主要发生在春末至夏季，动作敏捷，成虫越冬。

**生境分布：**为中国广布种，日本、朝鲜、俄罗斯、越南也有分布。

43

| 学名 | *Papilio machaon* |
|------|-------------------|
| 别称 | 黄凤蝶、茴香凤蝶、胡萝卜凤蝶 |
| 分类 | 鳞翅目，凤蝶科 |

# 44. 金凤蝶

**形态特征**：全变态。体翅呈金黄色，有光泽，从头部至腹末具 1 条黑色纵纹。前翅基部呈黑色；翅底呈黄色，有黑色斑纹；后翅内呈半黄色，翅脉呈黑色，外半黑后中域具一列不明显的蓝雾斑，臀角具一橘红圆斑。

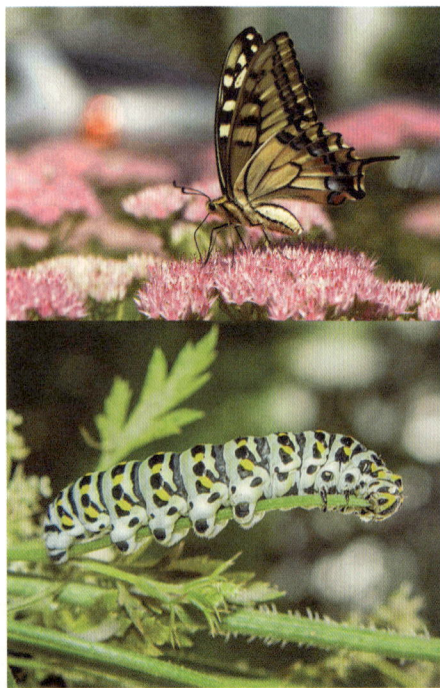

**生活习性**：卵在适宜的温湿度环境中即可孵化成幼虫。幼虫大多以植物的叶片、茎秆、花果为食。幼虫发育到 5 ～ 6 龄老化后，吐丝作网或作茧化蛹。

**生境分布**：主要分布在我国的云南省昭通地区。金凤蝶喜欢在草木繁茂、鲜花怒放、五彩缤纷的阳光下，上下飞舞盘旋。

**备注**：主要危害茴香、胡萝卜、芹菜等伞形花科蔬菜，幼虫蚕食寄主叶片成缺刻，或仅留主脉和叶柄。幼虫在藏医药典中称"茴香虫"，有理气、止痛和止呃等功能，主治胃痛、小肠疝气和膈疝等。

| 学名 | *Actias selene ningpoana* |
|------|---------------------------|
| 别称 | 绿尾天蚕蛾、月神蛾、燕尾蛾、长尾水青蛾、水青蛾、绿翅天蚕蛾等 |
| 分类 | 鳞翅目，大蚕蛾科 |

# 45. 绿尾大蚕蛾

**形态特征：** 全变态。中大型蛾类，成虫体长约 4 厘米，翅展 10～13 厘米。体粗大，体表有白色絮状鳞毛而呈白色。翅呈淡绿色，触角呈黄褐色羽状；后翅臀角呈长尾状。

**生活习性：** 一年生 2 代，以茧蛹附在树枝或地被物下越冬。翌年 5 月中旬羽化、交尾、产卵，至 9 月中下旬，陆续结茧化蛹越冬。成虫昼伏夜出，有趋光性，日落后开始活动。

**生境分布：** 国内分布广泛。

45

**备注：** 危害药用植物山茱萸、丹皮、杜仲等。此外还危害果树、林木等。幼虫食叶，低龄幼虫食叶成缺刻或孔洞，稍大时可把全叶吃光，仅残留叶柄或叶脉。

| 学名 | *Helicoverpa armigera* |
|------|------------------------|
| 别称 | — |
| 分类 | 鳞翅目，夜蛾科 |

# 46. 棉铃虫

**形态特征：** 全变态。灰褐色中型蛾，复眼呈球形，绿色。雌蛾呈赤褐色至灰褐色，雄蛾呈青灰色，其前翅外横线外有深灰色宽带，肾纹，环纹呈暗褐色；后翅灰白，沿外缘有黑褐色宽带，宽带中央有 2 个相连的白斑。后翅前缘有 1 个月牙形褐色斑。

**生活习性：** 每年的 4—10 月是棉铃虫的繁殖旺盛期。成虫白天隐藏在叶背等处，黄昏开始活动，取食花蜜，有趋光性。

**生境分布：** 中国各棉区均有分布，在华北、新疆、云南等棉区较多。

**备注：** 棉铃虫是我国棉花蕾铃期害虫的优势种，主要蛀食蕾、花、铃，也取食嫩叶。该虫近年危害十分猖獗。

| 学名 | *Monomoriumpharaonis* |
|------|------------------------|
| 别称 | 小黄家蚁 |
| 分类 | 膜翅目，蚁科 |

# 47. 法老蚁

**形态特征**：全变态。俗称"蚂蚁"。体形小，有黑、褐、黄、红等色，体壁具弹性，光滑或有毛。口器咀嚼式，上颚发达。触角呈膝状，4～13节，柄节很长，末端2～3节膨大。分有翅与无翅两种。

**生活习性**：社会性昆虫，分工明确，工蚁日夜工作，蚁王蚁后繁衍后代；从不筑巢，常群聚于墙、地板的缝隙中。繁殖力惊人，食性复杂，许多人类的食物都是它们的美味。

**生境分布**：主要分布于中国长江以南地区，尤其是大中城市。

**备注**：室内害虫，以人类食物为食，并携带多种病菌，会引发多种疾病，严重影响人类的正常生活秩序。

47

| 学名 | *Vespa mandarinia* |
|------|--------------------|
| 别称 | 中华大虎头蜂、桃胡蜂、人头蜂、葫芦蜂、马蜂 |
| 分类 | 膜翅目，胡蜂科 |

# 48. 金环胡蜂

**形态特征：**全变态。体长达40毫米，是世界上最大的胡蜂。头窄于胸。头部呈橘黄色，后头边缘有棕色毛。腹部除第六节背、腹板全呈橙色外，其余各节背板均为棕黄色与黑褐色相间。足呈黑褐色。

**生活习性：**金环胡蜂是毒性最强、最凶猛的一种胡蜂。栖息于地下有足球大的圆形蜂巢中，过着分工明确的社会生活。到了秋天，还常常袭击蜜蜂的蜂巢，使其全军覆没。属于领地性昆虫，在领地范围之外，金环胡蜂一般不蜇人。

**生境分布：**我国华南、江南地区都有分布。

**备注：**农业害虫，危害多种果树，成虫啮食成熟的水果，残留的果皮、果核。

| 学名 | *Apis cerana* |
|------|------|
| 别称 | 中华蜂、中蜂、土蜂 |
| 分类 | 膜翅目，蜜蜂科 |

# 49. 中华蜜蜂

**形态特征**：全变态。中华蜜蜂工蜂腹部颜色因地区不同而有差异，有的较黄，有的偏黑；吻长平均 5 毫米。蜂王有两种体色：一种是腹节有明显的褐黄环，整个腹部呈暗褐色；另一种的腹节无明显褐黄环，整个腹部呈黑色。雄蜂一般为黑色。南方蜂种一般比北方的小，工蜂体长 10 ～ 13 毫米，雄蜂体长 11 ～ 13.5 毫米，蜂王体长 13 ～ 16 毫米。

**生活习性**：以采食花蜜为主。蜂群常在树洞、阳坡土洞、坟窟、谷仓中营造蜂窝，分蜂性强，易发生迁徙。

**生境分布**：中国本土蜂种，集中分布区则在西南部及长江以南省区。

**备注**：中华蜜蜂是以杂木树为主的森林群落及传统农业的主要传粉昆虫；蜂蜜、蜂蜡等产物也具有诸多用途。

49

| 学名 | *Bombus haemorrhoidalis* Smith |
|------|-------------------------------|
| 别称 | 丸花蜂 |
| 分类 | 膜翅目，熊蜂科 |

# 50. 黑胸熊蜂

**形态特征**：全变态。似蜜蜂，但唇基隆起；颚眼距明显；第 1 亚缘室被斜脉分割；雌蜂和工蜂后胫具花粉篮，胫节外侧光滑，边缘具长毛。后足基跗节宽扁，内表面有整齐排列的毛刷，是采粉器官。

**生活习性**：社会性昆虫，在土表或土洞内营巢，过群居生活，群里有雌蜂、雄蜂、工蜂三型分化，以植物的花粉和花蜜为食物。

**生境分布**：我国大部分地区都有分布。

**备注**：农业益虫，采蜜范围很大，是我国常见的重要授粉蜂类。

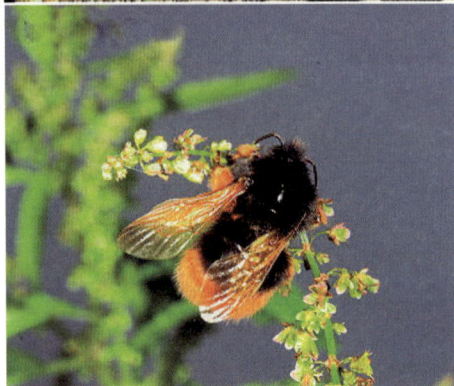

50

# 后 记

　　2006年，我中心在普陀区教育局及基教科、教育学院的指导下，自主开发了"农耕文化系列教材"。2012年11月，我们推荐的三本校本教材《农耕文化常识读本（画册）》《耕耘未来——社会实践活动50案例》（2009年少年儿童出版社出版）、《漫游农耕园》（2012年少年儿童出版社出版），被全国青少年校外教育工作联席会议办公室评为"首届全国未成年人校外教育理论与实践研究优秀成果"一等奖，被教育部基础教育课程改革综合实践活动项目组评为"全国基础教育课程改革综合实践活动第十一届年会"课程资源一等奖。2014年10月，我们又和中国农业博物馆合作，对《农耕文化常识读本》进行改版，由武汉大学出版社出版。

51

　　我们立足于校外教育的职能、户外营地的特质、学农基地的特点与学校学科知识相贯通，开发了本套书，作为我中心落实《上海市学生农村社会实践教育指导大纲（试行）》的新尝试。在我中心安亭基地的建设中，建设"以现代农业为主、传统农业为辅，以提升学生创新素养为目的"的田园学堂，我们秉承设计四大系列八大类别的课程体系。

　　本套书定名为《农田生物世界》，共6册，包括《蔬果篇》《园林篇》《草药篇》《昆虫篇》《鸟类篇》和《水生篇》，每册均列举了长江流域较为常见、学生在学科学习中有所接触的50种生物种类。

　　在该套书开发的过程中，我们不断地用严谨的科研态度来完善内容：

　　第一，着眼于"国际生物多样性日"活动，汲取了上海市科技艺术教育中心组织的植物认知、鸟类认知、昆虫认知等户外实践活动比赛的经验，结合本中心安亭基地的自然环境和教育特点，形成校本化的实践活动课程。

　　第二，编者一方面是出于对学生知识结构的考量，另一方面也是想尽可

能地做到校内外教育的通融，帮助学生将课堂中学到的符号化知识能够通过实践活动变为更为鲜活的生活体验。

第三，校外教育是教育的重要组成部分，要主动与学校教育对接，以科学、技术、工程、数学教育（即STEM）综合运用学科知识的理念用于课程开发。虽然内容篇幅短小，但尽可能地融入了人文类知识，有助于调用学生已有的学科知识。

第四，我中心还组织编者、部分学校的骨干教师（黄宏等）和程序设计师共同开发了与本套书配套的网上田园学堂之"生物万花筒"软件，通过上海市青少年学生校外活动联席会议办公室"博雅网"对外共享。我们还将组织编者继续开发面向户外营地辅导员和学生的配套丛书的实践活动案例，提升本套书的使用效益。

本套书的编者除了我中心的部分辅导员之外，还有基层学校部分骨干教师和专业人士的热情参与，如新黄浦实验学校的金恺老师，曹杨中学的钱叶斐老师；草药篇则由上海雷允上药业西区公司顾问、副主任中药师师文道先生亲自执笔；后期实践活动的案例还邀请了部分基层学校教师（朱沪疆等）及校外教育机构教师（罗勇军等）参与撰稿。

本套书在编写中得到了华东师范大学周忠良、唐思贤、李宏庆和上海师范大学李利珍等教授的专业指导，他们还提供了部分有版权的珍贵照片。

在本套书即将付梓之际，谨向所有参与编撰工作的干部、教师，尤其是各位顾问与专家致以最诚挚的谢意！

由于时间仓促，且编者学识、水平有限，书中尚有不少疏漏和值得商榷之处，恳请读者批评指正。

上海市普陀区中小学社会实践服务中心

孙英俊　向　宓

2015年2月

# 参 考 文 献

[1]　中国科学院动物志编辑委员会．中国经济昆虫志．北京：科学出版社，1997．

# 图 片 来 源 说 明

53

本套教材图片经由本课题组与北京全景视觉网络科技有限公司上海分公司 (www.quanjing.com)、123RF 有限公司 (www.123rf.com.cn) 两家专业图片公司签约，所用图片主要由这两家公司授权使用。

此外，有部分图片由编者自行拍摄。但仍有个别图片从网上下载（目前无法联系到摄影者），请作者见此说明后致电出版社进行联系，我们将按照市场价格支付图片版权的使用费用。

以上文字解释权在本课题组。

《农田生物世界》课题组

2015 年 6 月

全国青少年校外教育活动指导教程丛书

# 农田生物世界

## 草药篇

师文道◎编

WUHAN UNIVERSITY PRESS

武汉大学出版社

**图书在版编目（CIP）数据**

农田生物世界．草药篇 / 师文道编．—武汉：武汉大学出版社，
2015.6
全国青少年校外教育活动指导教程丛书
ISBN 978-7-307-15994-5

Ⅰ．农…　Ⅱ．师…　Ⅲ．①生物—青少年读物　②中草药—青
少年读物　Ⅳ．① Q-49　② R28-49

中国版本图书馆 CIP 数据核字（2015）第 118779 号

责任编辑：徐　纯　孙　丽　责任校对：路亚妮　装帧设计：孙英俊　潘婷婷

出版发行：**武汉大学出版社**（430072　武昌　珞珈山）
（电子邮件：whu_publish@163.com　网址：www.stmpress.cn）
印刷：武汉市金港彩印有限公司
开本：880×1230　1/32　印张：1.875　字数：25 千字
版次：2015 年 6 月第 1 版　2015 年 6 月第 1 次印刷
ISBN 978-7-307-15994-5　定价：130.00 元（全套六册，精装）

# 序

进入 21 世纪，校外教育作为实施素质教育的重要阵地，发挥着日益重要的作用。青少年户外营地作为校外教育重要的组成部分，其规范化、专业化建设，尤其是实践活动课程建设成为其"转型驱动，创新发展"的重要原动力。

本套书的主创团队——上海市普陀区中小学社会实践服务中心的辅导员们立足于青少年户外营地的教育职能，在组织学生开展日常的农村社会实践活动过程中，敏锐地意识到充分利用学生接触大自然的优势，以营地的农田和植物园区作为学习的课堂，能带给学生全新的学习享受。

通过零距离接触书中提及的各种动植物，一草一木、一虫一鸟不仅能带给学生无穷的乐趣，而且能激发他们求知的动力，用多维的感觉加深对知识的理解，用感性的体验激发学习的兴趣，进而生动地理解环境对人类生存的重要性。

在我国漫长的农耕文化发展过程中，随着中华民族聪明的先民们生产力水平的不断提升，人们对自然环境的了解也在不断加深，对身边生物资源的了解更加深入，依赖也越显紧密。他们在逐步建立和完善以环境安全、生态保护为主要特征的农业生产方法的进程中，逐渐形成了"天人合一"的哲学思想。在全球环境问题日益突出的今天，本套教材内容贴合实践活动，通过在实践中的认识和尝试，对我们深刻理解十八大提出的"生态文明""美丽中国"有着重要的意义。

因此，本套书的开发，真正意义上是源自于学生在实践活动中的实际需求，贴近学生的发展、营地的特质及生态的教育。2013年，上海市普陀区中小学社会实践服务中心"农田生物世界"项目在上海市教委"上海市学生农村社会实践基地重点建设项目"评审中中标。作为项目成果，本套书以小学、初中、高中各年段的学生为主要读者对象，围绕"生物多样性"主题，涵盖植物、动物两类，既可以用于户外营地，也可以用于学校，乃至社区和家庭。

本套书是户外营地的实践与学科知识的贯通、拓展与整合的成果。据悉，该中心还将开发相关的实践活动案例，以更好地指导营地辅导员和学生用好这套教材。

期待更多的校外教育工作者能基于自身工作特点，勇于开拓创新，为上海市校外教育的改革和发展，为学生的健康成长作出不懈努力。同时，也希望读者在阅读的过程中能提出宝贵的意见，进而不断完善丛书的内容。

上海市科技艺术教育中心

卢晓明

2015 年 2 月

# 目  录

| 别称 | 银丹草、蕃荷菜等 |
|---|---|
| 来源 | 唇形科植物薄荷的干燥地上部分 |
| 分类 | 全草类 |

# 1. 薄荷

**产地**：我国大部分地区均有分布，以江苏太仓、河北安国等地产量大、质量好。

**性状特征**：多年生草本。药用其茎叶，茎为方柱形，有对生分枝。表面呈紫棕色或淡绿色，棱角处具茸毛，断面呈白色，髓部中空。叶对生，有短柄，叶片呈宽披针形、长椭圆形或卵形，上表面为深绿色，下表面为灰绿色，稀被茸毛，有凹点状腺鳞。花冠呈淡紫色。揉搓后有特殊清凉香气。

**性味**：辛，凉。

**功能与主治**：宣散风热、清头目、透疹。可治风热感冒、头痛、咽痛、风疹等。

01

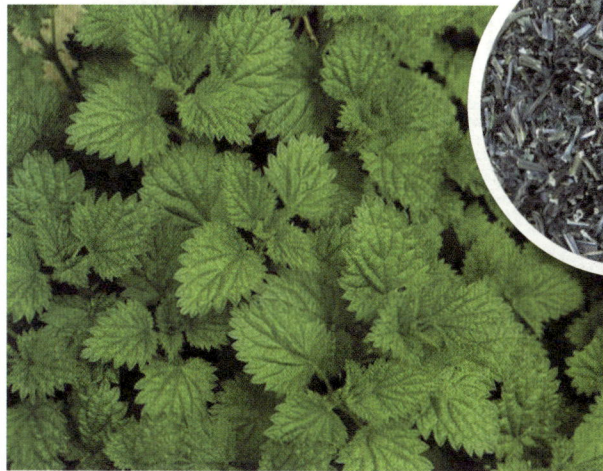

| 别称 | 车轮菜、田灌草等 |
|---|---|
| 来源 | 车前科植物车前的干燥全草 |
| 分类 | 全草类 |

# 2. 车前草

**产地：**我国各地均有分布，主产于黑龙江、辽宁、河北等地。野生于山野、路旁、田埂及河边。

**性状特征：**多年生草本。药用其全草，根丛生，须状。叶基生，具长柄，叶片呈卵状椭圆形或宽卵形，表面为灰绿色或污绿色，叶脉为弧形，周边近全缘，或有不规则波状浅齿。穗状花序数条，花茎长，花小。蒴果盖裂，种子细小。

**性味：**甘，寒。

**功能与主治：**清热利尿、祛痰、凉血。可治水肿尿少、痰热咳嗽、吐血等。

| 别称 | 石荷叶、金丝荷叶 |
|------|------------------|
| 来源 | 虎耳草科植物虎耳草的新鲜或干燥全草 |
| 分类 | 全草类 |

# 3. 虎耳草

**产地：**生于海拔 400~4500 米的林下、灌丛、草甸和阴湿岩隙。

**性状特征：**多年生草本。药用其新鲜或干燥全草，全体被毛。根须状，着生于根茎上。根茎短，有的为细长匍匐茎。叶基生，约数片，叶片呈肾圆形，边缘具齿，背面有长伏毛，上面为绿白色，下面为红紫色或有斑点。花茎由叶腋抽出，比叶高 2 倍以上，赤色。圆锥花序稀疏，花白色。蒴果呈卵圆形。

**性味：**甘，寒。

**功能与主治：**清热解毒。可治风热咳嗽、湿疹。新鲜捣汁，外用滴耳，可治疗耳内肿痛。

| 别称 | 护生草、地米菜等 |
|------|------|
| 来源 | 十字花科植物荠菜花、果的干燥地上部分 |
| 分类 | 全草类 |

# 4. 荠菜花

**产地**：我国大部分地区都有分布。

**性状特征**：一、二年生草本。药用其花、果及茎叶，茎呈圆柱形，多已切段压扁，可见带有细小花梗的总状花序，黄绿色至淡棕黄色。叶片呈黄绿色，边缘有缺刻或锯齿。花小，黄白色。果实呈三角状心形，扁平，顶端微凹。种子数多，细小，长椭圆形，淡棕褐色。

**性味**：甘、淡，凉。

**功能与主治**：清热利湿、止血、止痢。可治咯血、便血、痢疾。

04

| 别称 | 假苋菜、野苋等 |
|---|---|
| 来源 | 马齿苋科植物马齿苋的干燥地上部分 |
| 分类 | 全草类 |

# 5. 马齿苋

**产地：**我国各地均有分布，主产于华南、华东、华北等地。生长于村庄附近或空旷地上。

**性状特征：**一年生草本。药用其茎叶，茎呈圆柱形，表面为黄褐色，有明显纵沟纹。叶对生或互生，叶片呈倒卵形，先端钝平或微缺，全缘。花小，黄色。蒴果呈圆锥形，内含数量较多的细小种子。

**性味：**酸，寒。

**功能与主治：**清热解毒、凉血止血。可治热毒血痢、蛇虫咬伤、便血等。

| 别称 | 白鼓丁、黄花郎、黄花地丁等 |
|---|---|
| 来源 | 菊科植物蒲公英的干燥全草 |
| 分类 | 全草类 |

# 6. 蒲公英

**产地**：我国大部分地区都有分布。野生于温带地区草地或空旷处。

**性状特征**：多年生草本。药用其全草，根呈圆锥状，表面为棕褐色。根头部有棕褐色或黄白色的茸毛，有的已脱落。叶基生，完整叶片呈倒披针形，绿褐色或暗灰绿色，边缘浅裂或羽状分裂。花茎一至数条，每条顶生头状花序，花冠呈黄褐色或淡黄白色。有的可见具白色冠毛的长椭圆形瘦果。

**性味**：苦、甘、寒。

**功能与主治**：清热解毒、消肿散结。可治疗疮肿毒、目赤咽痛等。

| 别称 | 蕺菜、折耳根等 |
|------|-------------|
| 来源 | 三白草科植物蕺菜的新鲜全草或干燥地上部分 |
| 分类 | 全草类 |

# 7. 鱼腥草

**产地：**主产于浙江、江苏、安徽、湖北等地。喜生于阴湿地或近水的地方。

**性状特征：**多年生草本。药用其新鲜或干燥茎叶，茎呈圆柱形，节明显，下部节上生有须根。叶互生，叶片呈心形，先端渐尖，全缘。上表面呈绿色，下表面常呈紫红色。穗状花序顶生，黄棕色。具鱼腥气。

**性味：**辛，微寒。

**功能与主治：**清热解毒、排脓、利尿。可治肺痈吐脓、痰热咳嗽等。

| 别称 | 艾蒿、蕲艾、香艾等 |
|---|---|
| 来源 | 菊科植物艾的干燥叶 |
| 分类 | 叶类 |

# 8. 艾叶（附艾绒）

**产地：**我国大部分地区均有分布，以安徽、山东、湖南、湖北产量大。

**性状特征：**多年生草本。叶呈卵状椭圆形，羽状深裂，边缘有不规则的粗锯齿，上表面灰绿色或深黄绿色，有稀疏柔毛及腺点，下表面密生灰白色绒毛。气清香。

**性味：**辛、苦，温；有小毒。

**功能与主治：**散寒止痛、温经止血。用于小腹冷痛，宫冷不孕。外治皮肤瘙痒。

**附：**将艾叶除去叶柄等杂质，研碎成绒称为艾绒。外用于艾灸。具散寒逐湿、温通气血功能。

| 别称 | 蓝靛叶、靛青叶、板蓝根叶 |
|------|--------------------------|
| 来源 | 十字花科植物菘蓝的干燥叶 |
| 分类 | 叶类 |

# 9. 大青叶

**产地：**菘蓝主产于华东、华北以及陕西、贵州等地。

**性状特征：**菘蓝为二年生草本，植株高 50~100 厘米。叶呈长椭圆形至长圆状倒披针形，上表面呈暗灰绿色，有的可见色较深稍突起的小点。叶边缘呈全缘或微波状。叶柄细长条状，淡棕黄色。

**性味：**苦，寒。

**功能与主治：**清热解毒、凉血消斑。可治温邪入营、高热神昏、咽喉肿痛等。

| 别称 | 莲叶 |
|---|---|
| 来源 | 睡莲科植物莲的新鲜或干燥叶 |
| 分类 | 叶类 |

# 10. 荷叶

**产地:** 主产于江苏、浙江、湖南、湖北、福建、江西等地。

**性状特征:** 多年生水生草本。药用其新鲜叶或干燥叶,新鲜荷叶呈半圆形或折扇形,展开后类圆形,全缘或稍呈波状。上表面呈绿色至深绿色,下表面呈淡绿色,脉纹突出。干荷叶上表面呈深绿色或黄绿色,较粗糙。下表面呈淡灰棕色,较光滑,叶脉突起。稍有清香气。

**性味:** 苦,平。

**功能与主治:** 清热解暑、凉血止血。可治暑热烦渴、暑湿泄泻、血热吐衄。

10

| 别称 | 青橘叶 |
|------|--------|
| 来源 | 芸香科植物橘的干燥叶 |
| 分类 | 叶类 |

# 11. 橘叶

**产地**：橘分布于长江以南各地区，在丘陵、低山地带、江河湖泊沿岸或平原多有栽培。

**性状特征**：橘树为常绿小乔木或灌木，高 3~4 米。枝细，多有刺。叶呈披针形，全缘或具细锯齿。叶片呈灰绿色或黄绿色，上表面具小圆形凹点，下表面主脉突出，对光透视，可见半透明腺点。

**性味**：苦、辛，平。

**功能与主治**：疏肝行气、消肿散结。可治胁痛、乳房胀痛或结块。

| 别称 | 杷叶 |
|---|---|
| 来源 | 蔷薇科植物枇杷的干燥叶 |
| 分类 | 叶类 |

# 12. 枇杷叶

**产地：**枇杷主产于广东、广西、浙江、江苏等地。

**性状特征：**枇杷为常绿小乔木，高可达 10 米。小枝粗壮，黄褐色，密生锈色或灰棕色绒毛。叶呈长圆形或倒卵形，边缘有疏锯齿，近基部全缘。上表面呈灰绿色、黄棕色，较光滑，下表面密被黄色绒毛，主脉显著突起。革质而脆，易折断。

**性味：**苦，微寒。

**功能与主治：**清肺止咳、降逆止呕。可治肺热咳嗽、胃热呕吐。

| 别称 | 霜桑叶、家桑 |
|------|------------|
| 来源 | 桑科植物桑的干燥叶 |
| 分类 | 叶类 |

# 13. 桑叶

13

**产地**：桑树在我国大部地区均有分布，以江苏、浙江一带为多。

**性状特征**：桑树为落叶乔木或灌木，高可达 15 米。树体富含乳浆，树皮呈黄褐色。5 月开花。叶呈卵形至宽卵形，先端渐尖，边缘有锯齿或钝锯齿。上表面呈黄绿色，有的有小疣状突起，下表面颜色稍浅，叶脉突出，小脉呈网状，脉上被疏毛。

**性味**：甘、苦，寒。

**功能与主治**：疏散风热、清肝明目。可治风热感冒、头晕目赤。

| 别称 | 苏铁叶 |
|------|--------|
| 来源 | 苏铁科植物苏铁的干燥叶 |
| 分类 | 叶类 |

# 14. 铁树叶

**产地**：苏铁树在我国南方多有种植。

**性状特征**：铁树为常绿树，高约2米。羽状叶从茎的顶部生出，整个羽状叶的轮廓呈倒卵状狭披针形。叶为黄绿色至棕黄色，光滑，革质。上表面中脉细而明显，下表面中脉突起，无侧脉。叶缘向下反卷，形成凹沟，顶端部分如尖刺状。

**性味**：苦、涩，平。

**功能与主治**：理气、活血。可治肝胃气痛、跌打损伤。

14

| 别称 | — |
|------|---|
| 来源 | 银杏科植物银杏的干燥叶 |
| 分类 | 叶类 |

# 15. 银杏叶

**产地**：银杏主产于浙江、江苏、广西、四川、山东、河南、湖北、辽宁等地。

**性状特征**：银杏为落叶大乔木。叶互生，有细长的叶柄，扇形，两面均呈淡绿色，无毛，上缘呈不规则的波状弯曲，有的中间凹入。具二叉状平行叶脉，细而密，光滑无毛，易纵向撕裂。叶基呈楔形。

**性味**：甘、苦、涩，平。

**功能与主治**：敛肺平喘、活血化瘀、止痛。可治肺虚咳喘、冠心病、高脂血症。

15

| 别称 | 赤苏、香苏叶 |
|---|---|
| 来源 | 唇形科植物紫苏的干燥叶（或带嫩枝） |
| 分类 | 叶类 |

# 16. 紫苏叶

**产地**：紫苏主产于江苏、浙江、河北、湖北、河南等地，其他各地多有栽培。

**性状特征**：紫苏为一年生直立草本。叶呈卵圆形，边缘有圆锯齿。两面均呈紫色或上表面呈绿色，下表面呈紫色，疏生灰白色毛。叶柄呈紫色或紫绿色。气清香。

**性味**：辛，温。

**功能与主治**：解表散寒、行气和胃。可治风寒感冒、鱼蟹中毒。

16

| 别称 | 银杏 |
|---|---|
| 来源 | 银杏科植物银杏的干燥成熟种子 |
| 分类 | 果实、种子类 |

# 17. 白果

**产地**：主产于浙江、江苏、广西、四川、山东、河南、湖北、辽宁等地。

**性状特征**：白果呈椭圆形，一端稍尖，另端钝。表面呈黄白色或淡棕黄色，具2~3条棱线。种仁呈宽卵球形或椭圆形，一端呈淡棕色，另一端呈金黄色，横断面外层呈黄色，内层呈淡黄色，粉性，中间有空隙。

**性味**：甘、苦、涩、平；有毒。

**功能与主治**：敛肺定喘、止带浊、缩小便。可治痰多喘咳、带下白浊、遗尿。

| 别称 | 碧桃干、鬼髑髅等 |
|---|---|
| 来源 | 蔷薇科植物桃尚未核化的幼果 |
| 分类 | 果实、种子类 |

# 18. 瘪桃干

**产地**：桃树主产于华北、华东。

**性状特征**：桃树为落叶小乔木，高 3~8 米；树冠宽广而平展；树皮呈暗红褐色。叶片呈长圆披针形，先端渐尖，叶边具锯齿，3—4 月开花。作药用的幼果呈扁卵圆形；表面呈黄绿色至棕黄色，密被黄绿色短柔毛；先端渐尖，中部膨大，有果梗脱落痕；横切面见中果皮松软，内果皮尚未核化，核 1 室，有未发育种子 1 枚。

**性味**：苦，微温。

**功能与主治**：敛汗、止血。可治阴虚盗汗、咯血。

| 别称 | 橘皮、贵老、新会皮等 |
| --- | --- |
| 来源 | 芸香科植物橘的干燥成熟果皮 |
| 分类 | 果实、种子类 |

# 19. 陈皮

19

产地：橘树分布于长江以南各地区，在丘陵、低山地带、江河湖泊沿岸或平原多有栽培。

性状特征：常剥成数瓣，基部相连。外表面为橙红色或红棕色，有细皱纹和凹下的点状油室，内表面为浅黄白色，粗糙。气香。

性味：苦、辛，温。

功能与主治：理气健脾、燥湿化痰。可治胸脘胀满、咳嗽痰多。

| 别称 | 江车、当道等 |
|---|---|
| 来源 | 车前科植物车前的干燥成熟种子 |
| 分类 | 果实、种子类 |

# 20. 车前子

**产地**：我国各地均有分布，主产于黑龙江、辽宁、河北等地。野生于山野、路旁、田埂及河边。

**性状特征**：车前子呈椭圆形或不规则长圆形，略扁；表面呈黄棕色至黑棕色，用放大镜观察，可见细皱纹和凹点状种脐。

**性味**：甘，微寒。

**功能与主治**：清热利尿、明目、祛痰。可治水肿胀满、目赤肿痛、痰热咳嗽等。

| 别称 | 血杞子、杞果 |
|------|------------|
| 来源 | 茄科植物宁夏枸杞的干燥成熟果实 |
| 分类 | 果实、种子类 |

# 21. 枸杞子

**产地**：主产于宁夏回族自治区、河北、新疆、内蒙古、山东等地。

**性状特征**：灌木，分枝细密。有不生叶的短棘刺和生叶、花的长棘刺。叶互生或簇生，披针形或长椭圆状披针形，略带肉质，叶脉不明显。药用其果实，果实类纺锤形，表面红色或暗红色，顶端有小突起状的花柱痕，基部有白色的果梗痕。果肉肉质，柔润。种子 20~50 粒，类肾形。

**性味**：甘，平。

**功能与主治**：滋补肝肾、益精明目。用于虚劳精亏、腰膝酸痛、目昏不明。

| 别称 | 橘筋 |
|------|------|
| 来源 | 芸香科植物橘成熟果实的中果皮与内果皮之间的干燥维管束群（筋络） |
| 分类 | 果实、种子类 |

# 22. 橘络

**产地**：橘分布于长江以南各地区，在丘陵、低山地带、江河湖泊沿岸或平原多有栽培。

**性状特征**：呈松散的网络状团块，疏松交错，长短不一；黄白色至淡棕黄色。

**性味**：甘、苦，平。

**功能与主治**：化痰、理气、通络。可治痰滞经络、咳嗽。

22

| 别称 | 一 |
|------|------|
| 来源 | 芸香科植物橘的干燥成熟种子 |
| 分类 | 果实、种子类 |

# 23. 橘核

**产地**：橘分布于长江以南各地区，在丘陵、低山地带、江河湖泊沿岸或平原多有栽培。

**性状特征**：略呈卵形；表面呈淡黄白色或淡灰白色，光滑，一侧有种脊棱线，一端钝圆，另端渐尖成小柄状。

**性味**：苦，平。

**功能与主治**：理气、散结、止痛。可治小肠疝气、睾丸肿痛。

| 别称 | 大力子、鼠粘子、恶实等 |
|------|---------------------|
| 来源 | 菊科植物牛蒡的干燥成熟果实 |
| 分类 | 果实、种子类 |

# 24. 牛蒡子

**产地:** 我国各地均有分布,以东北产量大,浙江桐乡产的称"杜大力",质量佳。

**性状特征:** 二年生草本。高 1~1.5 米,上部多分枝。叶大有长柄,叶片呈心脏形。头状花序丛生于枝端呈伞房状。药用其果实,果实呈长倒卵形而稍扁,略弯曲;表面呈灰褐色,带紫黑色斑点,有数条纵棱线;顶端钝圆,稍宽,基部略窄,具果柄痕。

**性味:** 辛、苦、寒。

**功能与主治:** 疏散风热、解毒利咽。可治风热感冒、咽喉肿痛、风疹等。

| 别称 | 鸡头米、卵菱、北芡实 |
|---|---|
| 来源 | 睡莲科植物芡实的干燥成熟种仁 |
| 分类 | 果实、种子类 |

# 25. 芡实

25

**产地**：主产于山东、江苏、湖南、湖北等湖泊地区。

**性状特征**：一年生水生草本。沉水叶呈箭形或椭圆肾形；浮水叶革质，椭圆肾形至圆形，五六月开紫花。药用其种仁，种仁呈类球形，表面有棕红色内种皮，一端呈黄白色，约占全体1/3，有凹点状的种脐痕，除去内种皮显白色；断面白色，粉性。

**性味**：甘、涩，平。

**功能与主治**：益肾固精、补脾止泻、祛湿止带。用于遗精遗尿、脾虚久泻、带下。

| 别称 | 桑葚子 |
|---|---|
| 来源 | 桑科植物桑的干燥果穗 |
| 分类 | 果实、种子类 |

# 26. 桑葚

**产地：**我国大部地区均有分布，以江苏、浙江一带为多。

**性状特征：**桑葚为聚花果，由众多小瘦果集合而成，长圆形，黄棕色、棕红色或暗紫色，有短果序梗。

**性味：**甘、酸，寒。

**功能与主治：**补血滋阴、生津润燥。可治眩晕耳鸣、须发早白、内热消渴等。

26

| 别称 | 石榴壳、酸榴皮等 |
|------|------|
| 来源 | 石榴科植物石榴的干燥果皮 |
| 分类 | 果实、种子类 |

# 27. 石榴皮

**产地：** 石榴在我国大部分地区均有分布。

**性状特征：** 石榴为落叶灌木或乔木，高 3~6 米。树皮呈青灰色，幼枝近圆形，枝端通常呈刺状，叶片呈倒卵形，花期 5—6 月，生小枝顶端或腋生。作药用的果皮呈不规则的片状或瓣状，外表面呈红棕色或棕黄色，略有光泽，粗糙，有多数疣状突起，有的有突起的筒状宿萼及果梗痕；内表面呈黄色或红棕色，有隆起呈网状的果蒂残痕；质硬而脆。

**性味：** 酸、涩，温。

**功能与主治：** 涩肠止泻、止血、驱虫。可治久泻、便血、脱肛、虫积腹痛。

| 别称 | 光桃仁、桃核仁、扁桃仁等 |
|------|------------------------|
| 来源 | 蔷薇科植物桃的干燥成熟种子 |
| 分类 | 果实、种子类 |

# 28. 桃仁

**产地：**主产于华北、华东。

**性状特征：**扁长卵形，表面呈黄棕色至红棕色，密布颗粒状突起；一端尖，中部膨大，另端钝圆稍偏斜，边缘较薄；尖端一侧有短线形种脐，圆端有颜色略深不明显的合点，自合点处散出众多纵向维管束。

**性味：**苦、甘，平。

**功能与主治：**活血祛瘀、润肠通便。可治经闭、痛经、跌打损伤、肠燥便秘。

| 别称 | 梅实、酸梅 |
|------|-----------|
| 来源 | 蔷薇科植物梅的干燥近成熟果实 |
| 分类 | 果实、种子类 |

# 29. 乌梅

**产地：**主产于四川、浙江、福建、广东。

**性状特征：**落叶小乔木，高可达 10 米。树皮呈淡灰色，小枝细长，先端刺状。单叶互生，叶片呈椭圆状宽卵形，被短柔毛。春季开花，有香气。药用其果实，果实呈类球形或扁球形，表面呈乌黑色或棕黑色，皱缩不平，基部有圆形果柄痕；果核坚硬，椭圆形，棕黄色，表面有凹点，种子扁卵形，淡黄色；味极酸。

**性味：**酸、涩，平。

**功能与主治：**敛肺、涩肠、生津、安蛔。可治肺虚久咳、虚热消渴、胆道蛔虫症。

| 别称 | 家苏子、黑苏子 |
|------|---------------|
| 来源 | 唇形科植物紫苏的干燥成熟果实 |
| 分类 | 果实、种子类 |

# 30. 紫苏子

**产地：** 紫苏主产于江苏、浙江、河北、湖北、河南等地，其他各地多有栽培。

**性状特征：** 紫苏子呈卵圆形或类球形，表面灰棕色或灰褐色，有微隆起的暗紫色网纹，基部稍尖，有灰白色点状果梗痕；果皮薄而脆。种子均呈黄白色，有油性，压碎有香气。

**性味：** 辛，温。

**功能与主治：** 降气消痰、平喘、润肠。可治咳嗽气喘、肠燥便秘。

| 别称 | 老苏梗、苏梗 |
|------|------------|
| 来源 | 唇形科植物紫苏的干燥茎 |
| 分类 | 根、根茎类 |

# 31. 紫苏梗

**产地**：紫苏主产于江苏、浙江、河北、湖北、河南等地，其他各地多有栽培。

**性状特征**：紫苏梗呈方柱形，四棱钝圆。表面呈紫棕色或暗紫色，有纵沟和细纵纹，有的可见对生的枝痕和叶痕。切面皮部极薄，木部呈黄白色，射线细密，呈放射状，髓部呈白色。

**性味**：辛，温。

**功能与主治**：理气宽中、止痛、安胎。用于胃脘疼痛、胎动不安。

| 别称 | 嫩桑枝 |
|------|--------|
| 来源 | 桑科植物桑的干燥嫩枝 |
| 分类 | 根、根茎类 |

# 32. 桑枝

**产地：**桑树在我国大部地区均有分布，以江苏、浙江一带为多。

**性状特征：**呈长圆柱形。表面为灰黄色或黄褐色，有较多的黄褐色点状皮孔及细纵纹。切面平坦，断面具纤维性，皮部较薄，木部呈黄白色，射线放射状，髓部呈白色。

**性味：**微苦，平。

**功能与主治：**祛风湿、利关节。可治肩臂、关节酸痛麻木。

32

| 别称 | 强仇、摩罗、野百合 |
|------|------|
| 来源 | 百合科植物卷丹或细叶百合干燥的肉质鳞叶 |
| 分类 | 根、根茎类 |

# 33. 百合

**产地**：主要分布在亚洲东部。我国主产于江苏、湖南、甘肃、浙江等地。

**性状特征**：多年生草本，株高 50~150 厘米，茎呈褐色或带紫色，被白色绵毛，茎秆上着生黑紫色斑点。单叶互生，无柄，狭披针形。夏季开花，橙红色或砖黄色。地下具白色或淡黄色球形鳞茎。药用其肉质鳞叶，肉质磷叶呈长椭圆形，表面类白色或淡棕黄色，有数条纵直平行的白色维管束；顶端稍尖，基部较宽，边缘薄，微波状，略向内弯曲。

**性味**：甘，寒。

**功能与主治**：养阴润肺、清心安神。可治阴虚久咳、失眠多梦。

33

| 别称 | 芍药、杭白芍、金芍药等 |
|---|---|
| 来源 | 毛茛科植物芍药的干燥根 |
| 分类 | 根、根茎类 |

# 34. 白芍

**产地：**主产于浙江、安徽、山东、四川等地。产于浙江东阳、临安等地的习称杭白芍。

**性状特征：**多年生草本，高50~80厘米。茎直立，光滑无毛。叶互生，具长柄，叶片呈椭圆形至披针形，叶缘具极细乳突。花期5—7月，花甚大，单生于花茎的分枝顶端。药用其根，根呈圆柱形，平直或稍弯曲，表面类白色或淡棕红色，光洁或有纵皱纹及细根痕；断面较平坦，类白色或微带棕红色，形成层环明显，呈射线放射状。

**性味：**苦、酸，微寒。

**功能与主治：**平肝止痛、养血调经、敛阴止汗。可治头痛眩晕、月经不调、自汗盗汗。

34

| 别称 | 浙术、吴术、于术等 |
|------|---------------------|
| 来源 | 菊科植物白术的干燥根茎 |
| 分类 | 根、根茎类 |

# 35. 白术

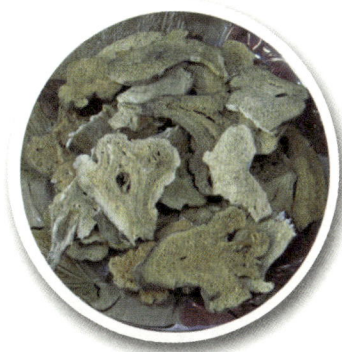

35

**产地：** 主产于浙江、江西、湖南、安徽等地。

**性状特征：** 多年生草本，高 20~60 厘米。茎直立，光滑无毛。叶片呈椭圆形，质地薄，两面均呈绿色，无毛，边缘有针刺状缘毛或细刺齿。药用其根茎，根茎为不规则的肥厚团块，表面呈灰黄色或灰棕色，有瘤状突起及断续的纵皱和沟纹，顶端有残留茎基和芽痕；断面不平坦，黄白色至淡棕色，有棕黄色的点状油室散落其上。

**性味：** 苦、甘、温。

**功能与主治：** 健脾益气、燥湿利水、安胎。可治脾虚食少、水肿、胎动不安。

| 别称 | 杭白芷、香白芷等 |
|------|------------------|
| 来源 | 伞形科植物白芷的干燥根 |
| 分类 | 根、根茎类 |

# 36. 白芷

**产地：** 主产于河南、四川、河北、浙江等地。

**性状特征：** 多年生高大草本，高 1~2.5 米。茎通常带紫色，中空。叶片轮廓为卵形至三角形，无毛或稀有毛，常带紫色。夏季开花，复伞形花序顶生或侧生。药用其根，根呈圆锥形，表面呈灰棕色或黄棕色，根头部呈钝四棱形或近圆形，具纵皱纹、支根痕及皮孔样的横向突起。顶端有凹陷的茎痕。断面呈灰白色，粉性，形成层环棕色，皮部散有众多棕色油点。气芳香。

**性味：** 辛，温。

**功能与主治：** 散风除湿、通窍止痛、消肿排脓。可治感冒头痛、鼻炎、疮疡肿痛。

36

| 别称 | 大青根 |
|------|--------|
| 来源 | 十字花科植物菘蓝的干燥根 |
| 分类 | 根、根茎类 |

# 37. 板蓝根

**产地：**菘蓝主产于华东、华北以及陕西、贵州等地。

**性状特征：**板蓝根呈圆柱形，稍扭曲。表面呈淡灰黄色，有纵皱纹、横长皮孔样突起及支根痕。根头略膨大，可见暗绿色或暗棕色轮状排列的叶柄残基和密集的疣状突起。断面皮部呈黄白色，木部呈黄色，形成层成环。

**性味：**苦，寒。

**功能与主治：**清热解毒、凉血利咽。可治温毒发斑、咽喉肿痛、腮腺炎、肝炎等。

| 别称 | 紫丹参、赤丹参 |
|------|----------------|
| 来源 | 唇形科植物丹参的干燥根及根茎 |
| 分类 | 根、根茎类 |

# 38. 丹参

**产地：**我国各地均有分布，主产于河北、安徽、江苏、四川等地。

**性状特征：**多年生直立草本，高 40~80 厘米。茎直立，四棱形，具槽，密被长柔毛，多分枝。叶常为奇数羽状复叶，卵圆形或宽披针形，边缘具圆齿。药用其根茎，根茎短粗，顶端有时残留茎基，根数条，长圆柱形。表面呈棕红色，粗糙，具纵皱纹。断面略平整而致密，皮部呈棕红色，木部呈紫褐色，导管束呈黄白色，放射状排列。

**性味：**苦，微寒。

**功能与主治：**祛瘀止痛、活血通经。可治胸腹刺痛、心绞痛、月经不调。

| 别称 | 干葛、野葛 |
|---|---|
| 来源 | 豆科植物野葛的干燥根 |
| 分类 | 根、根茎类 |

# 39. 葛根

**产地**：主产于湖南、湖北、浙江、河南等地。

**性状特征**：多年生落叶藤本，全体被黄色长硬毛。茎基部木质，有粗厚的块状根，羽状复叶具 3 小叶。根呈不规则的厚片、粗丝的方块，有的松散成丛毛状。表面呈淡棕色，有纵皱纹，粗糙。切面呈黄白色，纹理不明显。质韧，纤维性强。

**性味**：甘、辛，凉。

**功能与主治**：解肌退热、生津、透疹、升阳止泻。可治外感发热头痛、泄泻、高血压伴有的颈项强痛。

| 别称 | 猴姜、申姜、毛姜等 |
|------|------------------|
| 来源 | 水龙骨科植物槲蕨的干燥根茎 |
| 分类 | 根、根茎类 |

# 40. 骨碎补

**产地**：主产于广东、广西、浙江等地。附生于海拔 500~700 米山林中的树干或岩石上。

**性状特征**：多年生草本，植株高 15~40 厘米。叶片呈矩圆形或长椭圆形，边缘常有不规则的浅波状齿。其根状茎长而横走，粗 4~5 毫米，密被蓬松的灰棕色鳞片。药用其根茎，根茎呈不规则厚片，表面呈深棕色，常残留细小棕色的鳞片，有的可见圆形的叶痕；切面呈红棕色，黄色的维管束点状排列成环。

**性味**：苦，温。

**功能与主治**：补肾强骨、续伤止痛。可治肾虚腰痛、筋骨折伤。新鲜的骨碎补可外治斑秃、白癜风。

40

| 别称 | 制首乌、红内消等 |
|------|------------------|
| 来源 | 蓼科植物何首乌的干燥块根 |
| 分类 | 根、根茎类 |

# 41. 何首乌

41

**产地：** 我国除东北外大部分地区均有何首乌出产。

**性状特征：** 多年生草本。茎缠绕生长，长 2~4 米。叶呈卵形或长卵形，花期 8—9 月。何首乌块根肥厚，团块状或纺锤形，表面呈红棕色。制何首乌即将生何首乌用黑豆汁拌匀，置蒸具内蒸至内外均呈棕褐色，断面有的角质样。

**性味：** 苦、甘、涩，温。

**功能与主治：** 补肝肾、益精血、乌须发。用于血虚萎黄、须发早白、高血脂。

| 别称 | 苇茎、芦苇根 |
|------|------------|
| 来源 | 禾本科植物芦苇的干燥根茎 |
| 分类 | 根、根茎类 |

# 42. 芦根

**产地：** 在我国各地的池沼地、河溪边、湖边、池塘两岸、砂地、湿地等多有野生。主产于江苏、浙江、安徽、湖北等地。

**性状特征：** 多年生高大草本。具有匍匐状地下茎，粗壮，横走，节间中空。叶呈灰绿色或蓝绿色，较宽，线状披针形。小穗长 9~12 毫米，呈暗紫色或褐紫色，极少数呈淡黄色。药用其根茎，根茎呈长圆柱形，表面呈黄白色，有光泽，节处较硬，节呈环状，有残根及芽痕；切面呈黄白色，中空，有小孔排列成环。

**性味：** 甘，寒。

**功能与主治：** 清热生津、除烦、止呕、利尿。可治热病烦渴、肺痈吐脓、胃热。

| 别称 | 寸冬、麦门冬、苋麦冬 |
|------|------------------------|
| 来源 | 百合科植物麦冬的干燥块根 |
| 分类 | 根、根茎类 |

# 43. 麦冬

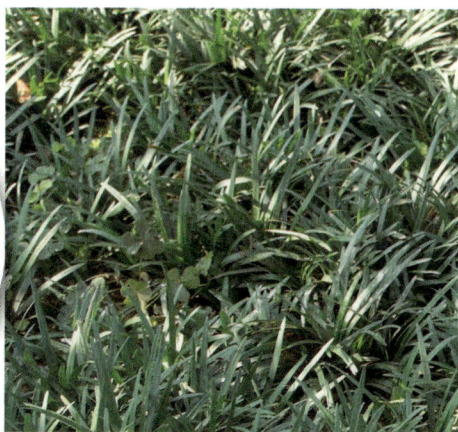

**产地**：分布于我国大部分地区，主产于浙江、四川等地。

**性状特征**：多年生草本，成丛生长，高30厘米左右。叶丛生，细长，深绿色，形如韭菜。夏季开花，花茎自叶丛中生出，花小，呈淡紫色，形成总状花序。药用其块根，块根呈纺锤形，两端略尖，表面呈黄白色或淡黄色，有细纵纹，可见细长的木心；断面呈黄白色，半透明，中柱细小。质柔韧。

**性味**：甘、微苦，微寒。

**功能与主治**：养阴生津、润肺清心。可治肺燥干咳、津伤口渴、心烦失眠。

| 别称 | 人蔹、神草 |
|------|-----------|
| 来源 | 五加科植物人参的干燥根及根茎。人工栽培的称园参；野生状态下自然生长的称野山参或林下山参 |
| 分类 | 根、根茎类 |

# 44. 人参

**产地：** 产于中国东北、朝鲜、韩国、日本、俄罗斯东部。

**性状特征：** 多年生草本。地上茎高 30~60 厘米，有纵纹，无毛。叶为掌状复叶。伞形花序单个顶生，花呈淡黄绿色。药用其根茎，主根呈纺锤形或圆柱形。表面灰黄色，上部有横纹，下部呈人字形，有支根 2~3 条，并着生众多细长的须根，须根上常有细小疣状突出。根茎（芦头）具不定根（芋）和稀疏的凹窝状茎痕（芦碗）。断面呈淡黄白色，显粉性，形成层环纹棕黄色，皮部有黄棕色的点状树脂道及放射状裂隙。香气特异。

**性味：** 甘、微苦，平。

**功能与主治：** 大补元气、复脉固脱、补脾益肺。可治体虚欲脱、久病虚羸、心力衰竭、休克等。

44

| 别称 | 元参、黑参等 |
|------|-------------|
| 来源 | 玄参科植物玄参的干燥根 |
| 分类 | 根、根茎类 |

# 45. 玄参

**产地:** 我国特产, 分布较广。主产于浙江、湖南、四川等地。

**性状特征:** 多年生高大草本, 可达 1 米余。茎呈四棱形, 有浅槽。叶在茎下部, 多对生而具柄, 多为卵形, 边缘具细锯齿。药用其根, 根类圆柱形, 中间略粗或上粗下细。表面呈灰黄色或灰褐色。切片多凹凸不平, 断面呈黑色, 微有光泽, 可见放射状细短的筋脉纹理。气味独特, 焦糖。

**性味:** 甘、苦、咸, 微寒。

**功能与主治:** 凉血滋阴、泻火解毒。可治热病伤阴、骨蒸劳嗽、目赤、咽痛。

| 别称 | 珠贝、象贝、元宝贝等 |
|------|---------------------|
| 来源 | 百合科植物浙贝母的干燥鳞茎 |
| 分类 | 根、根茎类 |

# 46. 浙贝母

**产地：**主产于浙江宁波地区的鄞县、奉化、象山等地。

**性状特征：**多年生草本，茎直立，高 20~40cm。叶 2~3 对，常对生，披针形至线形。花期 5—7 月，花单生于茎顶，钟状，下垂，紫色。作药用的鳞茎切片呈肾形、新月形。表面类白色至淡黄色，有的可见根的残基。切面类白色至黄白色，质坚脆，富粉性。

**性味：**苦，寒。

**功能与主治：**清热散结、化痰止咳。可治风热犯肺、痰火咳嗽、疮毒。

46

| 别称 | 枸杞根皮 |
|------|---------|
| 来源 | 茄科植物枸杞的干燥根皮 |
| 分类 | 皮类 |

# 47. 地骨皮

**产地**：枸杞在我国大部分地区均有产。江苏地产的称杜骨皮，香味浓郁，品质佳。

**性状特征**：地骨皮呈筒状或槽状。外表面呈灰黄色至棕黄色，粗糙，易成鳞片状剥落。内表面呈黄白色至灰黄色，有细纵纹。体轻，质脆，易折断。

**性味**：甘，寒。

**功能与主治**：凉血除蒸、清肺降火。可治阴虚盗汗、肺热咳嗽、内热消渴。

| 别称 | 桑皮 |
|------|------|
| 来源 | 桑科植物桑的干燥根皮 |
| 分类 | 皮类 |

# 48. 桑白皮

**产地：** 桑树在我国大部地区均有分布，以江苏、浙江一带为多。

**性状特征：** 桑白皮呈扭曲的卷筒状或板片状。外表面呈白色或淡黄白色，较平坦；内表面呈黄白色或灰黄色，有细纵纹。质韧，纤维性强，易纵向撕裂。

**性味：** 甘，寒。

**功能与主治：** 泻肺平喘、利水消肿。可治肺热喘咳、水肿尿少。

48

| 别称 | 忍冬花、双花、二宝花 |
|------|---------------------|
| 来源 | 忍冬科植物忍冬的干燥花蕾 |
| 分类 | 花类 |

# 49. 金银花

**产地：** 我国各地均有分布，主产于山东、河南、陕西等地。

**性状特征：** 多年生半常绿缠绕灌木。小枝细长，中空，藤为褐色至赤褐色。卵形叶子对生，枝叶均密生柔毛和腺毛。夏季开花。作药用的花蕾呈棒状，上粗下细，略弯曲。表面呈黄白色或绿白色，密被短绒毛。开放的金银花花冠呈筒状，先端呈二唇形。有 5 个雄蕊，附于筒壁，黄色，雌蕊 1 个，子房无毛。气清香。

**性味：** 甘，寒。

**功能与主治：** 清热解毒、凉散风热。可治风热感冒、咽喉肿痛、痈肿疔疮。

| 别称 | 赤芝、紫芝等 |
|------|------------|
| 来源 | 多孔菌科真菌赤芝或紫芝的干燥子实体 |
| 分类 | 菌类 |

# 50. 灵芝

**产地：** 我国普遍分布，以长江以南为多。主产于浙江、江西、安徽等地，多为栽培。

**性状特征：** 外形呈伞状，菌盖呈肾形、半圆形或近圆形。皮壳坚硬，呈黄褐色至红褐色或紫黑色，有光泽，具环状棱纹和辐射状皱纹，边缘薄而平截，常稍内卷。切面疏松，菌肉呈白色至淡棕色或锈褐色。菌柄呈圆柱形，侧生，少偏生，红褐色至紫褐色，光亮。孢子细小，呈黄褐色。

**性味：** 甘，平。

**功能与主治：** 补气安神、止咳平喘。可治眩晕不眠、心悸气短、虚劳咳喘。

50

# 后 记

2006 年，我中心在普陀区教育局及基教科、教育学院的指导下，自主开发了"农耕文化系列教材"。2012 年 11 月，我们推荐的三本校本教材《农耕文化常识读本（画册）》《耕耘未来——社会实践活动 50 案例》（2009年少年儿童出版社出版）、《漫游农耕园》（2012 年少年儿童出版社出版），被全国青少年校外教育工作联席会议办公室评为"首届全国未成年人校外教育理论与实践研究优秀成果"一等奖，被教育部基础教育课程改革综合实践活动项目组评为"全国基础教育课程改革综合实践活动第十一届年会"课程资源一等奖。2014 年 10 月，我们又和中国农业博物馆合作，对《农耕文化常识读本》进行改版，由武汉大学出版社出版。

我们立足于校外教育的职能、户外营地的特质、学农基地的特点与学校学科知识相贯通，开发了本套书，作为我中心落实《上海市学生农村社会实践教育指导大纲（试行）》的新尝试。在我中心安亭基地的建设中，建设"以现代农业为主、传统农业为辅，以提升学生创新素养为目的"的田园学堂，我们秉承设计四大系列八大类别的课程体系。

本套书定名为《农田生物世界》，共 6 册，包括《蔬果篇》《园林篇》《草药篇》《昆虫篇》《鸟类篇》和《水生篇》，每册均列举了长江流域较为常见、学生在学科学习中有所接触的 50 种生物种类。

在该套书开发的过程中，我们不断地用严谨的科研态度来完善内容：

第一，着眼于"国际生物多样性日"活动，汲取了上海市科技艺术教育中心组织的植物认知、鸟类认知、昆虫认知等户外实践活动比赛的经验，结合本中心安亭基地的自然环境和教育特点，形成校本化的实践活动课程。

第二，编者一方面是出于对学生知识结构的考量，另一方面也是想尽可

能地做到校内外教育的通融，帮助学生将课堂中学到的符号化知识能够通过实践活动变为更为鲜活的生活体验。

第三，校外教育是教育的重要组成部分，要主动与学校教育对接，以科学、技术、工程、数学教育（即 STEM）综合运用学科知识的理念用于课程开发。虽然内容篇幅短小，但尽可能地融入了人文类知识，有助于调用学生已有的学科知识。

第四，我中心还组织编者、部分学校的骨干教师（黄宏等）和程序设计师共同开发了与本套书配套的网上田园学堂之"生物万花筒"软件，通过上海市青少年学生校外活动联席会议办公室"博雅网"对外共享。我们还将组织编者继续开发面向户外营地辅导员和学生的配套丛书的实践活动案例，提升本套书的使用效益。

本套书的编者除了我中心的部分辅导员之外，还有基层学校部分骨干教师和专业人士的热情参与，如新黄浦实验学校的金恺老师，曹杨中学的钱叶斐老师；草药篇则由上海雷允上药业西区公司顾问、副主任中药师师文道先生亲自执笔；后期实践活动的案例还邀请了部分基层学校教师（朱沪疆等）及校外教育机构教师（罗勇军等）参与撰稿。

本套书在编写中得到了华东师范大学周忠良、唐思贤、李宏庆和上海师范大学李利珍等教授的专业指导，他们还提供了部分有版权的珍贵照片。

在本套书即将付梓之际，谨向所有参与编撰工作的干部、教师，尤其是各位顾问与专家致以最诚挚的谢意！

由于时间仓促，且编者学识、水平有限，书中尚有不少疏漏和值得商榷之处，恳请读者批评指正。

上海市普陀区中小学社会实践服务中心

孙英俊　向　宓

2015 年 2 月

# 参 考 文 献

[1]　国家药典委员会.中华人民共和国药典.北京：中国医药科技出版社，2010.

# 图片来源说明

53

本套教材图片经由本课题组与北京全景视觉网络科技有限公司上海分公司(www.quanjing.com)、123RF 有限公司(www.123rf.com.cn)两家专业图片公司签约，所用图片主要由这两家公司授权使用。

此外，有部分图片由编者自行拍摄。但仍有个别图片从网上下载（目前无法联系到摄影者），请作者见此说明后致电出版社进行联系，我们将按照市场价格支付图片版权的使用费用。

以上文字解释权在本课题组。

《农田生物世界》课题组

2015 年 6 月

全国青少年校外教育活动指导教程丛书

# 农田生物世界

## 园林篇

汤友强◎编

WUHAN UNIVERSITY PRESS
武汉大学出版社

**图书在版编目（CIP）数据**

农田生物世界. 园林篇 / 汤友强编 . —武汉：武汉大学出版社，2015.6

全国青少年校外教育活动指导教程丛书

ISBN 978-7-307-15994-5

Ⅰ. 农… Ⅱ. 汤… Ⅲ. ① 生物—青少年读物 ② 园林植物—青少年读物 Ⅳ. ① Q-49 ② S68-49

中国版本图书馆 CIP 数据核字（2015）第 118781 号

责任编辑：范文泉 孙 丽 责任校对：路亚妮 装帧设计：孙英俊 潘婷婷

出版发行：**武汉大学出版社**（430072 武昌 珞珈山）

（电子邮件：whu_publish@163.com 网址：www.stmpress.cn）

印刷：武汉市金港彩印有限公司

开本：880×1230 1/32 印张：1.875 字数：25 千字

版次：2015 年 6 月第 1 版 2015 年 6 月第 1 次印刷

ISBN 978-7-307-15994-5 定价：130.00 元（全套六册，精装）

# 序

　　进入 21 世纪，校外教育作为实施素质教育的重要阵地，发挥着日益重要的作用。青少年户外营地作为校外教育重要的组成部分，其规范化、专业化建设，尤其是实践活动课程建设成为其"转型驱动，创新发展"的重要原动力。

　　本套书的主创团队——上海市普陀区中小学社会实践服务中心的辅导员们立足于青少年户外营地的教育职能，在组织学生开展日常的农村社会实践活动过程中，敏锐地意识到充分利用学生接触大自然的优势，以营地的农田和植物园区作为学习的课堂，能带给学生全新的学习享受。

　　通过零距离接触书中提及的各种动植物，一草一木、一虫一鸟不仅能带给学生无穷的乐趣，而且能激发他们求知的动力，用多维的感觉加深对知识的理解，用感性的体验激发学习的兴趣，进而生动地理解环境对人类生存的重要性。

　　在我国漫长的农耕文化发展过程中，随着中华民族聪明的先民们生产力水平的不断提升，人们对自然环境的了解也在不断加深，对身边生物资源的了解更加深入，依赖也越显紧密。他们在逐步建立和完善以环境安全、生态保护为主要特征的农业生产方法的进程中，逐渐形成了"天人合一"的哲学思想。在全球环境问题日益突出的今天，本套教材内容贴合实践活动，通过在实践中的认识和尝试，对我们深刻理解十八大提出的"生态文明""美丽中国"有着重要的意义。

因此，本套书的开发，真正意义上是源自于学生在实践活动中的实际需求，贴近学生的发展、营地的特质及生态的教育。2013年，上海市普陀区中小学社会实践服务中心"农田生物世界"项目在上海市教委"上海市学生农村社会实践基地重点建设项目"评审中中标。作为项目成果，本套书以小学、初中、高中各年龄段的学生为主要读者对象，围绕"生物多样性"主题，涵盖植物、动物两类，既可以用于户外营地，也可以用于学校，乃至社区和家庭。

本套书是户外营地实践与学科知识的贯通、拓展与整合的成果。据悉，该中心还将开发相关的实践活动案例，以更好地指导营地辅导员和学生用好这套教材。

期待更多的校外教育工作者能基于自身工作特点，勇于开拓创新，为上海市校外教育的改革和发展，为学生的健康成长作出不懈努力。同时，也希望读者在阅读的过程中能提出宝贵的意见，进而不断完善丛书的内容。

上海市科技艺术教育中心

卢晓明

2015年2月

# 目 录

| 学名 | *Lagerstroemia indica* |
|---|---|
| 别称 | 痒痒花、痒痒树等 |
| 分类 | 千屈菜科 |

# 1. 紫薇

紫薇产于亚洲南部及澳洲北部。落叶灌木或小乔木，树姿优美，树干光滑洁净，且愈老愈光滑，用手抚摸，全株会微微颤动。

花呈淡红色、紫色或白色，直径 3～4 厘米，常组成 7～20 厘米的顶生圆锥花序，花期 6—9 月，故有"百日红"之称。

紫薇具有极高的观赏价值，在园林中可根据造景的需求，采用孤植、对植、群植、丛植和列植等方式进行科学而艺术地造景。紫薇也是观花、观干、观根的盆景良材。

01

| 学名 | *Cercis chinensis* |
|------|--------------------|
| 别称 | 满条红、紫株、乌桑等 |
| 分类 | 云实科 |

# 2. 紫荆

　　紫荆原产于中国。野生的多为落叶乔木，高可达 15 米左右。栽培于庭院中的紫荆，多为丛生落叶灌木，叶呈心形。

　　春季开花，先花后叶，一簇数朵，花冠如蝶，簇生于上，上至顶端，下至根枝，甚至在苍老的树干上也能开花，因而有"满条红"的美称。

　　紫荆不但花朵漂亮，花量大，花色鲜艳，是春季重要的观赏灌木，而且移栽成活率高，价格低廉，是深受人们欢迎的绿化树种。

| 学名 | *Aucuba japonica Variegata* |
|------|------------------------------|
| 别称 | 洒金东瀛珊瑚、花叶青木 |
| 分类 | 山茱萸科 |

# 3. 洒金桃叶珊瑚

03

　　洒金桃叶珊瑚原产于中国台湾及日本。常绿灌木，叶对生，叶片呈长椭圆形，散生大小不等的黄色或淡黄色斑点，先端尖，边缘疏生锯齿。

　　圆锥花序顶生，花小，紫红色或暗紫色，花期3—4月。浆果状核果，鲜红色。11月为果熟期。

　　洒金桃叶珊瑚是十分优良的耐阴树种。特别是它的叶片黄绿相映，十分美丽，宜栽植于园林的庇荫处或树林下。

| 学名 | *Prunus cerasifera atropurpure* |
|------|------|
| 别称 | 紫叶李、樱桃李 |
| 分类 | 蔷薇科 |

# 4. 红叶李

红叶李原产于亚洲西南部，中国华北及其以南地区广为种植。落叶小乔木，高可达 8 米，小枝呈暗红色，叶卵呈圆形，紫红色。

花呈白色，4 月开花。核果近球形，黄色、红色或黑色，8 月果实成熟。

其叶常年呈紫红色，是著名的观叶树种，孤植、群植皆宜，能衬托背景。尤其是紫色发亮的叶子，在绿叶丛中，像一株株永不凋谢的花朵，在青山绿水中形成一道亮丽的风景线。

04

| 学名 | *Osmanthus fragrans var. aurantiacus* |
|------|----------------------------------------|
| 别称 | 木犀、九里香、金粟 |
| 分类 | 木樨科 |

# 5. 金桂

05

桂花是中国十大名花之一，集绿化、美化、香化于一体；是观赏与实用兼备的优良园林树种，清可绝尘，浓能远溢，堪称一绝。金桂是桂花树的一个变种。

金桂原产于中国西南喜马拉雅山东段，印度、尼泊尔、柬埔寨也有分布。常绿乔木，树皮呈灰褐色，小枝呈黄褐色。叶对生、革质，椭圆状披针形。

花冠呈淡黄色或金黄色，簇生于叶腋。仲秋时节，丛桂怒放，夜静轮圆之际，把酒赏桂，陈香扑鼻，令人神清气爽。

| 学名 | *Rhododendron* |
|---|---|
| 别称 | 映山红、山石榴、红踯躅、满山红 |
| 分类 | 杜鹃花科 |

# 6. 杜鹃花

中国是杜鹃花分布最广的国家。落叶灌木，叶革质，卵形或椭圆状卵形，常集生枝端，具细齿，上面深绿色，疏被糙伏毛，下面淡白色，密被褐色糙伏毛。

花冠呈阔漏斗形，玫瑰色、鲜红色或暗红色，多朵花长在枝条顶端，花期4—5月。

杜鹃花种类繁多，花色绚丽，花、叶兼美，是中国十大名花之一，地栽、盆栽皆宜。

| 学名 | *Malus halliana* |
|------|------------------|
| 别称 | 垂枝海棠 |
| 分类 | 蔷薇科 |

# 7. 垂丝海棠

　　垂丝海棠原产于我国西南、中南、华东等地，尤以四川最多。落叶小乔木，小枝细弱，微弯曲，叶互生，叶片呈卵形或椭圆形至长椭卵形。

　　伞房花序，多朵花长在枝顶端。花梗细弱，长 2～4 厘米，弯曲下垂，紫色。花瓣呈倒卵形，粉红色，花期 3—4 月。

　　垂丝海棠花色艳丽，花姿优美，开花季节，花朵弯曲下垂，随风飘荡，娇柔红艳。远望犹如彤云密布，美不胜收，是深受人们喜爱的庭院木本花卉。

| 学名 | *Salix babylonica* |
|------|------|
| 别称 | 垂枝柳、倒挂柳、倒插杨柳、清明柳 |
| 分类 | 杨柳科 |

# 8. 垂柳

垂柳分布于中国长江流域及其以南平原地区。落叶乔木，小枝细长下垂，淡黄褐色。叶互生，披针形或条状披针形，长 8～16 厘米，先端渐长尖。

柔荑花序先叶开放，或与叶同时开放。雄花序长 1.5～3 厘米，雌花序长达 2～5 厘米，花期 3—4 月。

枝条细长，生长迅速，自古以来深受人们喜爱。最宜配植在水边，如桥头、池畔、河流、湖泊等水系沿岸处，也是固堤护岸的重要树种。

| 学名 | *Cycas revoluta* |
|---|---|
| 别称 | 铁树、凤尾铁、凤尾蕉、凤尾松 |
| 分类 | 木樨科 |

# 9.苏铁

09

　　苏铁广泛分布于中国、日本、菲律宾和印度尼西亚等国家。常绿植物，茎干比较粗壮，圆柱形。顶生大羽叶，倒卵状狭披针形，长 75 ～ 200 厘米，羽状裂片达 100 对以上，条形，厚革质，坚硬。

　　苏铁雌雄异株，花形各异，雄花呈长椭圆形，挺立于青绿的羽叶之中，黄褐色；雌花呈扁圆形，浅黄色，紧贴于茎顶。花期 6—8 月。

　　苏铁树形古雅，主干粗壮，坚硬如铁；羽叶洁滑光亮，四季常青，为珍贵观赏树种。

| 学名 | *Punica granatum* |
|------|------|
| 别称 | 安石榴、山力叶、丹若、若榴木、金罂、金庞 |
| 分类 | 石榴科 |

# 10. 石榴

石榴原产于巴尔干半岛至伊朗及其邻近地区，全世界的温带和热带都有种植。落叶乔木或灌木，树冠内分枝多，嫩枝有棱，多呈方形，叶对生或簇生，长披针形至长圆形，或椭圆状披针形。

钟状花或筒状花，多红色，花期5—6月。大型而多室、多子的浆果，黄棕色、暗红色或棕红色，果期9—10月。

中国南北都有栽培，以江苏、河南等地种植面积较大。中国传统文化视石榴为吉祥物，视它为多子多福的象征。

| 学名 | *Euonymus japonicus* |
|------|------|
| 别称 | 冬青、正木、扶芳树、四季青、七里香、日本卫矛 |
| 分类 | 卫矛科 |

# 11. 冬青卫矛

冬青卫矛产于贵州、广西、广东和湖南南部等地。常绿灌木或小乔木。小枝近四棱形。叶片革质，表面有光泽，倒卵形或狭椭圆形。

聚伞花序腋生，具长梗，花呈绿白色，花期6—7月。蒴果呈球形，淡红色，假种皮呈橘红色，果期9—10月。

冬青卫矛是优良的园林绿化树种，可作绿篱及背景种植材料，也可单株栽植于花境内，将其修剪成低矮的巨大球体，相当美观。木材细腻质坚，色泽洁白，是制作筷子、棋子的上等木料。

| 学名 | *Taxus wallichiana var. chinensis* |
|------|------------------------------------|
| 别称 | 扁柏、红豆树、紫杉 |
| 分类 | 红豆杉科 |

# 12. 红豆杉

红豆杉分布于北半球的温带至热带地区。常绿乔木，小枝互生，叶螺旋状着生，排成两排，镰刀状。

雌雄异株，雄球花单生于叶腋，雌球花的基部有红色圆盘状的假种皮。花期3—6月。

红豆杉树形美丽，果实成熟期红绿相映的颜色搭配令人陶醉，可广泛应用于水土保护和林、园艺观赏，是新世纪改善生态环境、建设秀美山川的优良树种。

12

| 学名 | *Magnolia grandiflora* |
|------|------------------------|
| 别称 | 荷花玉兰、荷花木兰 |
| 分类 | 木兰科 |

# 13. 广玉兰

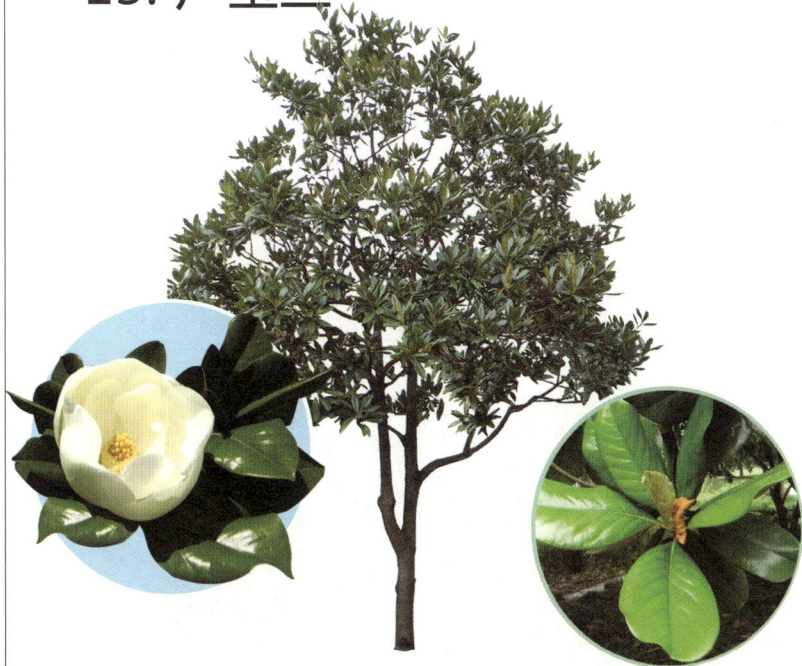

广玉兰原产于北美东南部，中国长江流域以南各大城市都有栽培。高大常绿乔木，树冠呈圆锥形，叶较大、厚革质，叶背有黄褐色绒毛。

花单生于枝顶，花大，荷花状，白色，花期5—6月。聚合果圆柱形，密被褐色或灰黄色绒毛，红色种子外露。果期9—10月。

广玉兰树姿雄伟壮丽，叶大荫浓，花似荷花，芳香馥郁，可作园景、行道树、庭荫树等，还能耐烟抗风，对二氧化硫等有毒气体有较强的抗性，是保护环境的好树种。

| 学名 | *Armeniaca mume* |
|---|---|
| 别称 | 酸梅、黄仔、合汉梅、白梅花、绿萼梅 |
| 分类 | 蔷薇科 |

# 14. 梅花

　　梅花原产于四川、湖北、广西等省、区。落叶小乔木，小枝呈绿色，叶片卵形或椭圆形，基部呈宽楔形至圆形，叶边缘有细锯齿。

　　先开花后长叶，花紧贴枝干长，白色至粉红色，冬春季为其花期。果实近球形，黄色或绿白色，被柔毛，果期5—6月。

　　梅花在中国有3000余年栽培历史，是极具观赏性和文化象征的植物。许多类型不但可以露地栽培供观赏，还可以栽为盆花，制作梅桩。

| 学名 | *Trachycarpus fortunei* |
|------|------|
| 别称 | 唐棕、拼棕、中国扇棕 |
| 分类 | 棕榈科 |

# 15. 棕榈

棕榈原产于西非，现世界各地均有栽培。乔木状，树干呈圆柱形，被不易脱落的老叶柄基部和密集的网状纤维。叶片近圆形，深裂成 30～50 片具皱折的线状剑形，叶柄长 75～80 厘米，两侧具细圆齿。

雌雄异株，雄花具有 2～3 个分枝花序，黄绿色；雌花具有 4～5 个圆锥状的分枝花序，淡绿色，花期 4 月。果实呈阔肾形，成熟时由黄色变为淡蓝色，果期 12 月。

棕榈栽于庭院、路边及花坛之中，树势挺拔，适于四季观赏。

| 学名 | *Musa basjoo* |
|---|---|
| 别称 | 芭蕉根、芭蕉头、芭苴、板焦、板蕉 |
| 分类 | 芭蕉科 |

# 16. 芭蕉

芭蕉多产于亚热带地区，中国南方大部分地区都有栽培。常绿大型多年生草木。叶大，长可达3米，宽约40厘米，长椭圆形。

入夏，叶丛中抽出淡黄色的大型花序，雄花生于花序上部，雌花生于花序下部，果实与香蕉极为相似。

芭蕉叶预防瘟疫已有几千年的历史，作为中草药可以就地取材，对很多病毒和细菌都有抑制和杀伤作用。

16

| 学名 | *Firmiana platanifolia* |
|------|------------------------|
| 别称 | 青桐、中国梧桐、桐麻 |
| 分类 | 梧桐科 |

# 17. 梧桐

17

　　梧桐产于浙江、福建、江苏、安徽等地。落叶大乔木，树干挺直，树皮绿色，平滑。树叶较大，心形，左右各有凹陷或缺刻。

　　圆锥花序顶生，花呈淡紫色。蓇葖果膜质，成熟前开裂成叶状，每蓇葖果有种子2～4个；种子呈圆球形，表面有皱纹。花期6月。

　　梧桐树为栽培于庭园的观赏树木。木材轻软，为制木匣和乐器的良材。种子炒熟可食用或榨油。

| 学名 | *Metasequoia glyptostroboides* |
|------|-------------------------------|
| 别称 | 活化石、梳子杉 |
| 分类 | 杉科 |

# 18. 水杉

水杉分布于湖北、重庆、湖南三省（市）交界的利川、石柱、龙山三县的局部地区。落叶乔木，树冠呈尖塔形，小枝对生，下垂，叶呈线形，交互对生，假二列成羽状复叶状。

雌雄同株，雄球花单生于叶腋，交互对生排成圆锥花序状，雌球花单生于侧枝顶端，花期2月。球果下垂，深褐色，11月成熟。

水杉是秋叶观赏树种，在园林中最适于列植，也可丛植、片植，可用于堤岸、湖滨、池畔、庭院等的绿化，也可盆栽。

| 学名 | *Rosa rugosa* |
|------|---------------|
| 别称 | 徘徊花、刺客、穿心玫瑰、刺玫花、赤蔷薇花 |
| 分类 | 蔷薇科 |

# 19. 玫瑰

19

　　玫瑰原产于中国，是中国十大名花之一，也是世界四大切花之一。落叶灌木，茎粗壮，丛生，小枝密被绒毛，并有针刺和腺毛，有直立或弯曲、淡黄色的皮刺。奇数羽状复叶，小叶 5～9 片，椭圆形或椭圆状倒卵形。

　　花单生于叶腋，或数朵簇生，花瓣呈倒卵形，重瓣至半重瓣，芳香，紫红色至白色。花期5—6月。

| 学名 | *Callistemon rigidus* |
|---|---|
| 别称 | 瓶刷木、金宝树 |
| 分类 | 桃金娘科 |

# 20. 红千层

红千层原产于澳大利亚，属热带树种。常绿灌木或小乔木，树皮坚硬，嫩枝有棱，叶片坚革质、互生、披针形。

穗状花序生于枝顶，雄蕊长2.5厘米，鲜红色，花药呈暗紫色，椭圆形，花柱比雄蕊稍长，先端绿色，其余红色，花形极为奇特且色泽艳丽。花期6—8月。

红千层树姿优美，花形奇特，适应性强，观赏价值高，被广泛应用于各类园林绿地中。

| 学名 | *Gardenia jasminoides* |
|------|------------------------|
| 别称 | 黄栀子木丹、鲜支、栀子、越桃、支子花 |
| 分类 | 茜草科 |

# 21. 栀子花

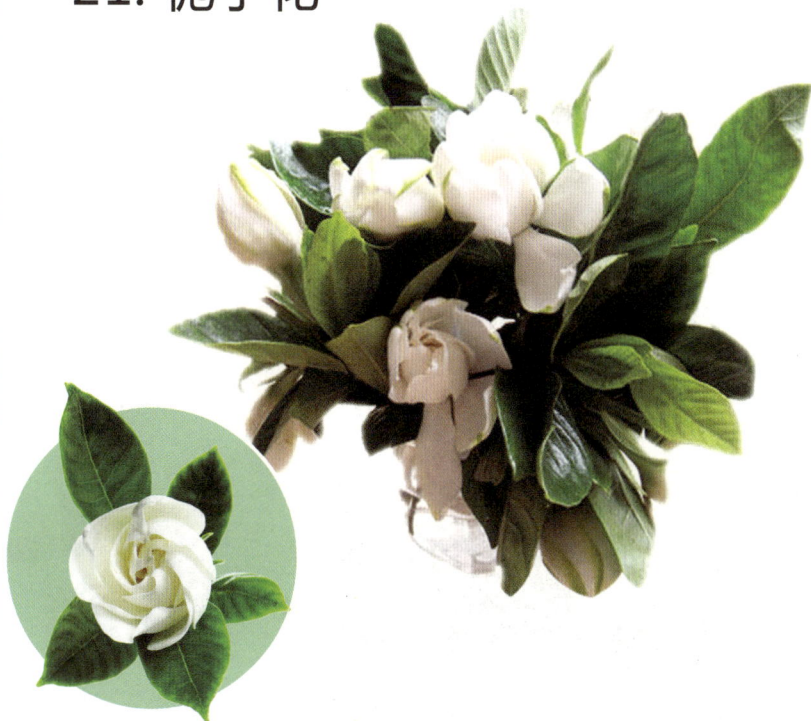

21

　　栀子花原产于中国，全国大部分地区有栽培。常绿灌木，小枝呈绿色，叶对生，革质呈长椭圆形，表面翠绿有光泽。

　　花芳香，通常单朵生于枝顶，花冠呈白色或乳黄色，花期3—7月。果呈卵形、近球形或长圆形，黄色或橙红色，果期5月至翌年2月。

　　栀子花、叶、果皆美，花芳香四溢，可以用来熏茶和提取香料；果实可制黄色染料；根、叶、果实均可入药；栀子木材坚实细密，可供雕刻。

| 学名 | *Hydrangea macrophylla* |
|------|------------------------|
| 别称 | 绣球、粉团花、紫绣球、草绣球 |
| 分类 | 绣球花科 |

# 22. 八仙花

八仙花原产于日本及中国四川一带。落叶灌木,小枝粗壮,皮孔明显。叶大而稍厚,对生,倒卵形,边缘有粗锯齿,叶面呈鲜绿色,叶背呈黄绿色,叶柄粗壮。

花大型,由许多不孕花组成顶生伞房花序。花色多变,初时呈白色,渐转为蓝色或粉红色,花期6—8月。

八仙花洁白丰满,大而美丽,其花色能红能蓝,令人悦目怡神,是长江流域著名的观赏性植物,也是常见的盆栽观赏花木。

| 学名 | *Euonymus alatus* |
|---|---|
| 别称 | 鬼箭羽、鬼箭、六月凌、四面锋、蓖箕柴 |
| 分类 | 卫矛科 |

# 23. 卫矛

　　卫矛在长江下游各省至吉林、黑龙江都有分布。灌木，高约2～3米。小枝四棱形，有2～4排木栓质的阔翅。叶对生，叶片呈倒卵形至椭圆形。

　　花呈黄绿色，常3朵集成聚伞花序，花期4—6月。蒴果呈棕紫色，深裂成4裂片，种子呈褐色，有橘红色的假种皮。果熟期9—10月。

　　卫矛枝翅奇特，嫩叶及霜叶均呈紫红色，在阳光充足处秋叶鲜艳可爱，蒴果宿存很久，果裂亦红，甚为美观，堪称观赏佳木。

| 学名 | *Syringa oblata* |
|------|------------------|
| 别称 | 华北紫丁香、紫丁白 |
| 分类 | 木樨科 |

# 24. 紫丁香

紫丁香原产于中国华北地区。落叶灌木或小乔木，植物树皮呈灰褐色，小枝呈黄褐色，嫩叶簇生，后对生，叶片近革质，卵圆形至肾形。

圆锥花序直立，近球形或长圆形，花呈淡紫色、紫红色或蓝色，春季盛开时硕大而艳丽的花序布满全株，芳香四溢，花期4月。

丁香花芬芳袭人，为著名的观赏花木之一。欧美园林中广为栽植。在中国园林中亦占有重要位置。园林中可植于建筑物的南向窗前，开花时，清香入室，沁人肺腑。

| 学名 | *Aesculus chinensis* |
|------|----------------------|
| 别称 | 梭椤树、梭椤子、天师栗、开心果、猴板栗 |
| 分类 | 七叶树科 |

# 25. 七叶树

25

七叶树在中国黄河流域及东部各省均有栽培，仅秦岭有野生。落叶乔木，掌状复叶对生，由 5～7 片小叶组成，小叶纸质，长圆披针形至长圆倒披针形。

花序呈圆筒形，雄花与两性花同株，花期 4—5 月。果实呈球形或倒卵圆形，顶部短尖或钝圆而中部略凹下，黄褐色，具很密的斑点，果期 10 月。

七叶树树干耸直，冠大荫浓，初夏繁花满树，硕大的白色花序又似一盏华丽的烛台，蔚然大观，是优良的行道树和园林观赏植物。

| 学名 | *Liriodendron chinense* |
|------|------------------------|
| 别称 | 鹅掌楸、双飘树 |
| 分类 | 木兰科 |

# 26. 马褂木

马褂木，主要生长于长江流域以南地区。落叶大乔木，树高可达60米以上。叶互生，大型，因形如我国的传统服装马褂而得名。

花单生于枝顶，花被片9枚，外轮3片呈萼状，绿色；内2轮呈花瓣状，黄绿色。花基部有黄色条纹，形似郁金香，花期5—6月。

马褂木树形端正，叶形奇特，是优美的庭荫树和行道树种。因其花形酷似郁金香，故被称为"中国的郁金香树"(Chinese Tulip Tree)。是一种非常珍贵的观赏植物。

26

| 学名 | *Yulania liliiflora* |
|------|----------------------|
| 别称 | 木兰、辛夷、木笔、望春 |
| 分类 | 木兰科 |

# 27. 紫玉兰

27

紫玉兰产于中国中部。落叶乔木，常丛生，小枝呈绿紫色或淡褐紫色。叶互生，倒卵形或椭圆状倒卵形。

花单生于枝顶，花被9片，3片排成一轮，紫色或紫红色，春季先花后叶或花叶同放。

紫玉兰是著名的早春观赏花木，开花时，满树紫红色花朵，幽姿淑态，别具风情，适用于古典园林中厅前院后配植，也可孤植或散植于小庭院内。

| 学名 | *Wisteriasinensis* |
|------|--------------------|
| 别称 | 朱藤、招藤、招豆藤、藤萝 |
| 分类 | 豆科 |

# 28. 紫藤

　　紫藤原产于中国，朝鲜、日本亦有分布，落叶攀援缠绕性大藤本植物。一回奇数羽状复叶互生，小叶对生，有小叶 7 ～ 13 枚，卵状椭圆形。

　　总状花序，长达 30 ～ 35 厘米，下垂状，花呈紫色或深紫色，花期 4—5 月。荚果呈倒披针形，密被绒毛，悬垂枝上不脱落，果期 8—9 月。

　　紫藤为长寿树种，民间极喜种植，成年的植株茎蔓蜿蜒屈曲，开花繁多，串串花序悬挂于绿叶藤蔓之间，瘦长的荚果迎风摇曳，自古以来中国文人皆爱以其为题材咏诗作画。

| 学名 | *Camellia japonica* |
|------|---------------------|
| 别称 | 曼陀罗树、薮春、山椿、耐冬、晚山茶 |
| 分类 | 山茶科 |

# 29. 山茶

　　山茶原产于浙江、江西、四川、重庆等地。常绿阔叶灌木或小乔木，叶片革质，互生，椭圆形、长椭圆形、卵形至倒卵形，边缘有锯齿。

　　花单生于叶腋或枝顶，原种为单瓣红花，栽培品种有白、淡红等色，且多重瓣，单朵花期一般为 7～15 天，花期 2—4 月。

　　山茶花花姿丰盈，端庄高雅，为中国十大名花之一，也是世界名花之一。适于盆栽观赏，置于门厅入口、会议室、公共场所也能取得良好效果。

| 学名 | *Buxus sinica* |
|------|------|
| 别称 | 山黄杨、千年矮、小叶黄杨、百日红 |
| 分类 | 黄杨科 |

# 30. 瓜子黄杨

　　瓜子黄杨主要产于安徽、浙江、江苏、河南、山东等地。常绿灌木或小乔木，叶对生、革质、似瓜子，叶尖有时略有凹陷。

　　花簇生于叶腋或枝端，黄绿色，4—5月开放。蒴果近球形，熟时裂为3瓣，果熟期7月。

　　园林中常作绿篱、大型花坛镶边，修剪成球形或其他整形栽培，点缀山石或制作盆景。木材坚硬细密，是雕刻工艺的上等材料。

30

| 学名 | *Cedrus deodara* |
|------|------------------|
| 别称 | 香柏、宝塔松、番柏、喜马拉雅山雪松 |
| 分类 | 松科 |

# 31. 雪松

　　雪松原产于阿富汗至印度，海拔 1300 ～ 3300 米地带。常绿乔木，高达 30 米左右，树冠呈塔形，大枝平展，小枝略下垂，叶呈针形，坚硬，淡绿色或深绿色。

　　雄球花呈长卵圆形或椭圆状卵圆形，雌球花呈卵圆形，球果成熟前呈淡绿色，微有白粉，熟时呈红褐色，卵圆形或宽椭圆形，花期 10—11 月。

　　雪松是世界著名的庭园观赏树种之一。树形优美，最适宜孤植于草坪中央、建筑前庭中心或广场中心等处。

| 学名 | *Nandina domestica* |
|------|------|
| 别称 | 南天竺、红杷子、天烛子、红枸子、钻石黄 |
| 分类 | 小檗科 |

# 32. 南天竹

　　南天竹产于中国长江流域及陕西、河南等地。常绿小灌木，茎常丛生而少分枝，幼枝常为红色，老后呈灰色。叶互生，集生于茎的上部，三回羽状复叶，二至三回羽片对生；小叶薄革质，椭圆状披针形。

　　圆锥花序直立，花小，白色，具芳香，花期3—6月。浆果呈球形，熟时呈鲜红色，果期5—11月。

　　茎干丛生，枝叶扶疏，秋冬叶色变红，有红果，经久不落，是赏叶观果的佳品。

| 学名 | *Mahonia bealei* |
|------|------------------|
| 别称 | 土黄柏、土黄连、八角刺、刺黄柏、黄天竹 |
| 分类 | 小檗科 |

# 33. 阔叶十大功劳

33

　　阔叶十大功劳原产于我国，主要分布于陕西、湖北、湖南等地。灌木或小乔木，羽状复叶，小叶叶缘有 6 ～ 13 刺状锐齿。

　　总状花序直立，花呈黄色，花期3—4月。浆果呈卵形，深蓝色，被白粉，果期 10—11 月。

　　阔叶十大功劳四季常绿，树形雅致，枝叶奇特，花色秀丽，开黄色花，果实成熟后呈蓝紫色，叶形秀丽尖有刺，叶色艳美，可用作园林绿化和室内盆栽观赏。

| 学名 | *Cerasus yedoensis* |
| --- | --- |
| 别称 | 仙樱花、福岛樱、青肤樱、荆桃 |
| 分类 | 蔷薇科 |

# 34. 樱花

　　樱花原产于中国喜马拉雅山麓靠云南一带。落叶乔木，树皮呈紫褐色，有横纹。花与叶互生，叶片呈椭圆形或倒卵状椭圆形，叶柄处有两个腺点。

　　作为春天的象征，樱树上会开出由白色、淡红色转变成深红色的花，于3月下旬至4月上旬开放。

　　樱花花开幽香艳丽，为早春重要的观花树种，可大片栽植，形成"花海"景观；也可孤植，形成"万绿丛中一点红"之画意。

34

| 学名 | *Podocarpus macrophyllus* |
|------|---------------------------|
| 别称 | 罗汉杉、长青罗汉杉、土杉、金钱松、仙柏 |
| 分类 | 罗汉松科 |

# 35. 罗汉松

35

罗汉松原产于江苏、浙江、福建、安徽、江西等地。常绿乔木，树冠呈广卵形，枝叶稠密，叶呈条状披针形，螺旋状互生，中脉显著隆起。

雄球花穗状、腋生，常 3 ～ 5 个簇生于极短的总梗上，雌球花单生于叶腋，花期4—5月。种子呈卵圆形，先端圆，熟时肉质假种皮呈紫黑色，种托为肉质圆柱形，红色或紫红色，种子8—9月成熟。

罗汉松神韵清雅挺拔，再加上契合中国文化"长寿""守财吉祥"等寓意，追求高品位庭院美化的主人往往喜欢种上一两株罗汉松。

| 学名 | *Cinnamomum camphora* |
|------|------------------------|
| 别称 | 樟、香樟、芳樟、油樟、樟木、乌樟 |
| 分类 | 樟科 |

# 36. 香樟树

　　香樟树原产于中国南方及西南各省，越南、朝鲜、日本也有分布。常绿大乔木，高可达 30 米，树冠呈广卵形，叶互生，卵状椭圆形，离基三出脉，脉腋有腺体。

　　圆锥花序腋生，花呈绿白或黄绿色，花期 4—5 月。果呈卵球形或近球形，紫黑色，果托呈杯状，果期 8—11 月。

　　该树种枝叶茂密，冠大荫浓，树姿雄伟，能吸烟滞尘、涵养水源、固土防沙和美化环境，是城市绿化的优良树种。

36

| 学名 | *Viburnum macrocephalum* |
|------|--------------------------|
| 别称 | 绣球、八仙花、紫阳花 |
| 分类 | 忍冬科 |

# 37. 木绣球

木绣球原产于中国华中和西南各省。落叶或半常绿灌木，芽、幼枝、叶柄及花序均密被灰白色或黄白色簇状短毛，叶呈卵形至椭圆形或卵状矩圆形。

花大型，由全部不孕花组成顶生聚伞花序，花初开带绿色，后转为白色，具清香，花期4—5月。

木绣球最宜孤植于草坪及空旷地，使其四面开展，体现个体美；亦可群植，花开之时有白云翻滚之效，栽于园路两侧，其拱形枝条形成花廊，使人心旷神怡。

| 学名 | *Fatsia japonica* |
|------|-------------------|
| 别称 | 八金盘、八手、手树、金刚篹 |
| 分类 | 五加科 |

# 38. 八角金盘

八角金盘原产于日本南部，中国华北、华东及云南昆明。常绿灌木或小乔木，叶片大，革质，近圆形，掌状，7～9厘米深裂，裂片呈长椭圆状卵形，先端短渐尖，基部呈心形。

圆锥花序顶生，由多数伞形花序组成，花序轴被褐色绒毛，花期10—11月。果呈近球形，熟时呈黑色，果熟期为翌年4月。

八角金盘四季常青，叶片硕大。叶形优美，浓绿光亮，适应室内弱光环境，是宾馆、饭店、写字楼和家庭美化环境常用的观叶植物。

38

| 学名 | *Chaenomeles speciosa* |
|------|------------------------|
| 别称 | 贴梗木瓜、铁脚梨 |
| 分类 | 蔷薇科 |

# 39. 贴梗海棠

　　贴梗海棠原产于陕西、甘肃、四川、贵州、云南、广东等地，缅甸亦有分布。落叶灌木，枝条直立开展，有刺，叶片呈卵形至椭圆形。

　　花先于叶开放，3～5朵簇生于二年生老枝上；花梗短粗，长约3毫米或近于无柄，花瓣5片，橙红色，花期3—5月。果实呈球形或卵球形，黄色或黄绿色，果期9—10月。

　　公园、庭院、校园、广场等道路两侧可栽植。春季观花，夏秋赏果，淡雅俏秀，多姿多彩，使人百看不厌，心旷神怡。

| 学名 | *Ginkgo biloba* |
|------|------------------|
| 别称 | 白果、公孙树、鸭脚树、蒲扇 |
| 分类 | 银杏科 |

# 40. 银杏

　　银杏曾广泛分布于北半球的欧洲、亚洲、美洲。50 万年前，只有中国的保存了下来。落叶大乔木，胸径可达 4 米，有长枝与生长缓慢的锯状短枝，叶互生，在长枝上辐射状散生，在短枝上簇生，叶呈扇形。

　　球花雌雄异株，单性，生于短枝顶端鳞片状叶的腋内，簇生状，4 月开花。种子具长梗，下垂，常为椭圆形，外种皮肉质，熟时呈黄色或橙黄色，10 月成熟。

　　银杏树高大挺拔，叶形古雅，是中国四大长寿观赏树种之一。

| 学名 | *Pinus parviflora* |
|------|--------------------|
| 别称 | 五钗松、日本五须松、五针松 |
| 分类 | 松科 |

# 41. 日本五针松

日本五针松原产于日本，中国长江流域及沿海各城市多有引种栽培。常绿乔木，枝平展，树冠呈圆锥形；一年生枝幼嫩时呈绿色，后呈黄褐色，密生淡黄色柔毛，针叶，5针一束，微弯曲。

球花单性同株，雄球花聚生于新枝下部，雌球花聚生于新枝端部，花期5月，球果呈卵圆形或卵状椭圆形，种子呈倒卵圆形，具黑色斑纹。

日本五针松姿态苍劲秀丽，松叶葱郁纤秀，富有诗情画意，集松类树种气、骨色、神之大成，是名贵的观赏树种。

| 学名 | *Ilex cornuta* |
|------|----------------|
| 别称 | 猫儿刺、老虎刺、八角刺、鸟不宿、狗骨刺、猫儿香 |
| 分类 | 冬青科 |

# 42. 枸骨

枸骨原产于江苏、上海、安徽、浙江、江西等地。灌木或小乔木，叶片厚革质，近四方形，叶缘具多个硬针刺。

花序簇生于二年生枝的叶腋内，花呈淡黄色，雄花花梗长 5～6 毫米，雌花花梗长 8～9 毫米，花期 4—5 月。果呈球形，成熟时呈鲜红色，果期 10—12 月。

枸骨枝叶稠密，叶形奇特，深绿光亮，入秋红果累累，经冬不凋，鲜艳美丽，是良好的观叶、观果树种。

42

| 学名 | *Jasminum mesnyi* |
|---|---|
| 别称 | 野迎春、梅氏茉莉、云南迎春、金腰带、南迎春 |
| 分类 | 木犀科 |

# 43. 云南黄馨

  云南黄馨原产于中国云南和长江流域以南各地。常绿直立亚灌木，枝条下垂。小枝呈四棱形，叶对生，三出复叶，小叶呈椭圆状披针形。

  早春开金黄色花，腋生，花冠裂片6～9枚，单瓣或复瓣。果呈椭圆形，果期3—5月。

  适合花架绿篱或坡地高地悬垂栽培。小枝细长呈悬垂形，枝条柔软，常如柳条下垂。植于假山上，其枝条和盛开的黄色花朵别具风格。

| 学名 | *Hibiscus syriacus* |
|------|---------------------|
| 别称 | 木棉、荆条 |
| 分类 | 锦葵科 |

# 44. 木槿

木槿原产于东亚，主要分布于中国台湾、福建、广东、广西等地。落叶灌木，叶呈菱形至三角状卵形，具深浅不同的 3 裂或不裂，基部呈楔形，边缘具不整齐齿缺。

花单生于枝端叶腋间，花呈钟形，花瓣呈倒卵形，淡紫色，花期 7—10 月。

木槿是夏、秋季的重要观花灌木，南方多作花篱、绿篱；北方多作庭院点缀及室内盆栽。

| 学名 | *Yulania denudata* |
|------|---------------------|
| 别称 | 玉兰、望春花、玉兰花 |
| 分类 | 木兰科 |

# 45. 白玉兰

白玉兰原产于印度尼西亚爪哇，现广植于东南亚。落叶乔木，阔伞形树冠；树皮灰色，嫩枝及芽密被淡黄白色微柔毛，叶薄革质，长椭圆形或披针状椭圆形。

花白色，大型，芳香，先叶开放，早春开花，花期10天左右。

白玉兰是中国著名的花木，南方早春重要的观花树木，上海市市花。玉兰花外形极像莲花，盛开时花瓣展向四方，使庭院青白片片，具有很高的观赏价值，为美化庭院之理想花型。

| 学名 | *Hypericum monogynum* |
|---|---|
| 别称 | 土连翘 |
| 分类 | 藤黄科 |

# 46. 金丝桃

金丝桃分布于河北、陕西、山东、江苏、安徽、江西等地。灌木，茎呈红色，叶对生，纸质，无柄或具短柄，长椭圆形至长圆形。

聚伞花序着生在枝顶，花色金黄，其呈束状纤细的雄蕊花丝灿若金丝，花期6—7月。

金丝桃花叶秀丽，花冠如桃花，雄蕊呈金黄色，细长如金丝，绚丽可爱。开花时一片金黄，鲜明夺目，妍丽异常。叶子美丽，长江以南冬夏常青，是南方庭院中常见的观赏花木。

| 学名 | *Acer palmatum 'Atropurpureum'* |
|------|------|
| 别称 | 紫红鸡爪槭、红枫树、红叶、小鸡爪槭 |
| 分类 | 槭树科 |

# 47. 红枫

红枫主要分布在中国亚热带，特别是长江流域，全国大部分地区均有栽培。落叶小乔木，单叶交互对生，叶掌状深裂，裂片 5～9 枚，呈长卵形或披针形，春、秋季叶呈红色，夏季叶呈紫红色。

伞房花序，顶生，花期 4—5 月。翅果，幼时呈紫红色，成熟时呈黄棕色，果熟期 10 月。

叶形优美，红色鲜艳持久，枝序整齐，层次分明，树姿美观，宜布置在草坪中央和高大建筑物前后，绿树红叶相映成趣。

| 学名 | *Sophora japonica 'Pendula'* |
|------|------------------------------|
| 别称 | 垂槐、盘槐 |
| 分类 | 蝶形花科 |

# 48. 龙爪槐

龙爪槐原产于中国华北、西北地区。落叶乔木。树冠如伞，姿态优美，枝条构成盘状，上部盘如龙，老树奇特苍古，大枝弯曲扭转，小枝下垂，冠层可达 50～70 厘米厚。羽状复叶，小叶 4～7 对，对生或近互生。

圆锥花序顶生，常呈金字塔形，花冠呈白色或淡黄色，花期 7—8 月。荚果呈串珠状，具肉质果皮，成熟后不开裂，果期 8—10 月。

龙爪槐寿命长，适应性强，对土壤要求不严，较耐瘠薄，观赏价值高，是优良的园林树种。

48

| 学名 | *Chimonanthus praecox* |
|------|------------------------|
| 别称 | 金梅、蜡花、蜡梅花、蜡木、麻木紫 |
| 分类 | 蜡梅科 |

# 49. 蜡梅

49

蜡梅原产于中国中部的秦岭、大巴山、武当山一带。落叶灌木，幼枝呈四方形，老枝近圆柱形，有皮孔，叶对生，近革质，椭圆状卵形至卵状披针形。

花着生于第二年生枝条叶腋内，先花后叶，蜡质花呈黄色，芳香，花期11月至翌年3月。

蜡梅在百花凋零的隆冬绽蕾，适于庭院栽植、古桩盆景、插花与造型艺术，是冬季赏花的理想名贵花木。

| 学名 | *Paeonia suffruticosa* |
|------|------------------------|
| 别称 | 鼠姑、鹿韭、白茸、木芍药、百雨 |
| 分类 | 芍药科 |

# 50. 牡丹

牡丹原产于中国的长江流域与黄河流域诸省山间或丘陵中。落叶灌木，分枝短而粗，三出复叶，小叶常 3～5 裂。

花单生于枝顶，有 5 片花瓣或重瓣，玫瑰色、红紫色、粉红色至白色，花期 5 月。

牡丹花被誉为花中之王，它是中国固有的特产花卉，有数千年的自然生长和两千多年的人工栽培历史。其花大、形美、色艳、香浓，为历代人们所称颂，具有很高的观赏和药用价值。

# 后　记

2006年，我中心在普陀区教育局及基教科、教育学院的指导下，自主开发了"农耕文化系列教材"。2012年11月，我们推荐的三本校本教材《农耕文化常识读本（画册）》《耕耘未来——社会实践活动50案例》（2009年少年儿童出版社出版）、《漫游农耕园》（2012年少年儿童出版社出版），被全国青少年校外教育工作联席会议办公室评为"首届全国未成年人校外教育理论与实践研究优秀成果"一等奖，被教育部基础教育课程改革综合实践活动项目组评为"全国基础教育课程改革综合实践活动第十一届年会"课程资源一等奖。2014年10月，我们又和中国农业博物馆合作，对《农耕文化常识读本》进行改版，由武汉大学出版社出版。

我们立足于校外教育的职能、户外营地的特质、学农基地的特点与学校学科知识相贯通，开发了本套书，作为我中心落实《上海市学生农村社会实践教育指导大纲（试行）》的新尝试。在我中心安亭基地的建设中，建设"以现代农业为主、传统农业为辅，以提升学生创新素养为目的"的田园学堂，我们秉承设计四大系列八大类别的课程体系。

本套书定名为《农田生物世界》，共6册，包括《蔬果篇》《园林篇》《草药篇》《昆虫篇》《鸟类篇》和《水生篇》，每册均列举了长江流域较为常见、学生在学科学习中有所接触的50种生物种类。

在该套书开发的过程中，我们不断地用严谨的科研态度来完善内容：

第一，着眼于"国际生物多样性日"活动，汲取了上海市科技艺术教育中心组织的植物认知、鸟类认知、昆虫认知等户外实践活动比赛的经验，结合本中心安亭基地的自然环境和教育特点，形成校本化的实践活动课程。

第二，编者一方面是出于对学生知识结构的考量，另一方面也是想尽可

51

能地做到校内外教育的通融，帮助学生将课堂中学到的符号化知识能够通过实践活动变为更为鲜活的生活体验。

第三，校外教育是教育的重要组成部分，要主动与学校教育对接，以科学、技术、工程、数学教育（即STEM）综合运用学科知识的理念用于课程开发。虽然内容篇幅短小，但尽可能地融入了人文类知识，有助于调用学生已有的学科知识。

第四，我中心还组织编者、部分学校的骨干教师（黄宏等）和程序设计师共同开发了与本套书配套的网上田园学堂之"生物万花筒"软件，通过上海市青少年学生校外活动联席会议办公室"博雅网"对外共享。我们还将组织编者继续开发面向户外营地辅导员和学生的配套丛书的实践活动案例，提升本套书的使用效益。

本套书的编者除了我中心的部分辅导员之外，还有基层学校部分骨干教师和专业人士的热情参与，如新黄浦实验学校的金恺老师，曹杨中学的钱叶斐老师；草药篇则由上海雷允上药业西区公司顾问、副主任中药师师文道先生亲自执笔；后期实践活动的案例还邀请了部分基层学校教师（朱沪疆等）及校外教育机构教师（罗勇军等）参与撰稿。

本套书在编写中得到了华东师范大学周忠良、唐思贤、李宏庆和上海师范大学李利珍等教授的专业指导，他们还提供了部分有版权的珍贵照片。

在本套书即将付梓之际，谨向所有参与编撰工作的干部、教师，尤其是各位顾问与专家致以最诚挚的谢意！

由于时间仓促，且编者学识、水平有限，书中尚有不少疏漏和值得商榷之处，恳请读者批评指正。

上海市普陀区中小学社会实践服务中心

孙英俊　向　宓

2015年2月

# 参 考 文 献

[1]  中国科学院中国植物志编辑委员会．中国植物志．北京：科学出版社，2006.

[2]  刘启星．江苏植物志．江苏：江苏科学技术出版社，2013.

53

# 图片来源说明

本套教材图片经由本课题组与北京全景视觉网络科技有限公司上海分公司 (www.quanjing.com)、123RF 有限公司 (www.123rf.com.cn) 两家专业图片公司签约，所用图片主要由这两家公司授权使用。

此外，有部分图片由编者自行拍摄。但仍有个别图片从网上下载（目前无法联系到摄影者），请作者见此说明，致电出版社进行联系，我们将按照市场价格支付图片版权的使用费用。

以上文字解释权在本课题组。

《农田生物世界》课题组

2015 年 6 月